Jessie Pascual Bitog
In-bok Lee

Conceção de fotobiorreactores utilizando a dinâmica de fluidos computacional (CFD)

Jessie Pascual Bitog
In-bok Lee

Conceção de fotobiorreactores utilizando a dinâmica de fluidos computacional (CFD)

ScienciaScripts

Imprint

Cover image: www.ingimage.com

This book is a translation from the original published under ISBN 978-620-2-30434-4.

Publisher:
Sciencia Scripts
is a trademark of
Dodo Books Indian Ocean Ltd. and OmniScriptum S.R.L publishing group

120 High Road, East Finchley, London, N2 9ED, United Kingdom
Str. Armeneasca 28/1, office 1, Chisinau MD-2012, Republic of Moldova, Europe
Managing Directors: Ieva Konstantinova, Victoria Ursu
info@omniscriptum.com

Printed at: see last page
ISBN: 978-620-8-60639-8

Índice

Nomenclatura

C_c: slip correction factor

F_x: forces per unit mass, including but not limited to Brownian diffusion.

I: estimated light intensity (μE m^{-2} s^{-1})

I_E: external light intensity on the illuminated wall of PBR (μE m^{-2} s^{-1})

N_o: population size at the beginning of the time interval

N_t: population size at the end of the time interval

T: temperature

V_a: air velocity

V_p: particle velocity

X: cell concentration

d: radial distance from the cell position to the wall surface, m

d_p: particle diameter

g: gravity

i: unit vector in the Cartesian coordinate

k_x: extinction coefficient due to cellular absorption (m^{-1})

k_w: extinction coefficient taking into account the reactor wall attenuation (m^{-1})

r: specific growth rate

t: time

ν: kinematic viscosity

x: random umber using the Gaussian distribution

ρ: air density

ρ_p: particle density

μ: viscosity

ζ_{ij}: Kronecker delta function

Δt: the time step

x_p: position vector of the cell

CAPÍTULO 1

1. Introdução geral

Nos últimos séculos, desde a revolução industrial, o mundo tem estado dependente dos combustíveis fósseis, como o carvão, o petróleo e o gás natural, como fonte de energia. Só nos EUA, que são o maior consumidor de energia, os combustíveis fósseis fornecem 83% da sua procura de energia (Energy Information Administration, 2010). No entanto, nas últimas décadas, o consumo de energia tem sido maior do que as novas descobertas de combustíveis de origem fóssil. Com a crescente procura por parte dos países do primeiro mundo e o contínuo desenvolvimento industrial e económico dos países do terceiro mundo, o consumo e a procura de energia têm vindo a aumentar rapidamente. De acordo com um relatório recente da Administração de Informação sobre Energia dos EUA (EIA), prevê-se que, nos próximos 20 anos, a procura de energia nos EUA aumente 62% para o gás natural, 33% para o petróleo e 45% para a eletricidade. Segundo algumas estimativas, registar-se-á um crescimento médio anual de 2% na procura mundial de petróleo nos próximos anos, juntamente com um declínio natural de 3% na produção das reservas existentes.

Os combustíveis fósseis não são fontes de energia renováveis, pelo que, uma vez queimados e utilizados, não podem ser recuperados. Nos últimos anos, os combustíveis fósseis estão a esgotar-se significativamente, levando as empresas de energia a procurar outras fontes de energia. Além disso, acredita-se que a queima contínua de combustíveis fósseis contribuiu significativamente para o aquecimento global e as alterações climáticas, uma vez que produzem uma quantidade significativa de dióxido de carbono na atmosfera. Atualmente, estão a ser continuamente exploradas e desenvolvidas fontes de energia alternativas e renováveis. Estas incluem a energia fornecida pela natureza, como a energia hidroelétrica, solar, térmica e eólica. A energia hídrica é simplesmente a energia que é retirada da água e convertida em eletricidade. A energia hídrica pode ser obtida através de vários métodos de captação e processamento. O método mais comum de utilização da energia da água é uma barragem hidroelétrica, onde a água que desce através de uma área faz girar as turbinas e a energia é captada para fazer funcionar um gerador. A energia também pode ser gerada a partir da energia das marés, vulgarmente conhecida como energia das ondas, que utiliza a energia criada pelas ondas. A energia solar é a energia que provém dos raios solares. A luz e o calor fornecidos pelo sol são "recolhidos" ou aproveitados por painéis solares e depois convertidos numa forma de energia mais útil. A energia térmica explora o calor fornecido pela terra. Como tal, existem muitas fontes naturais de energia térmica na Terra, o que faz dela um componente importante da energia alternativa. A energia eólica também é prometedora, embora limitada aos locais onde o vento está significativamente disponível. Os parques eólicos que utilizam a energia eólica não necessitam de combustível processado para funcionar. A energia eólica é gratuita, é limpa e não produz resíduos ou gases com efeito de estufa.

Outras fontes de energia alternativas, nomeadamente para os biocombustíveis, podem ser derivadas de plantas ricas em óleo, como o milho, a canola, a soja, a jatropa, o coco, a palma, etc. Os biocombustíveis são produzidos a partir de organismos vivos ou de subprodutos metabólicos (produtos orgânicos ou resíduos alimentares). Para ser considerado um biocombustível, o combustível deve conter mais de 80 por cento de materiais renováveis. Os biocombustíveis são desenvolvidos para o biodiesel, que é utilizado nos motores a gasóleo. Fabricado a partir de co-produtos e subprodutos agrícolas, como o óleo de soja, outros óleos naturais e gorduras, é um biocombustível avançado. O biodiesel pode ser utilizado em qualquer mistura com gasóleo de petróleo. O biodiesel não é como os combustíveis alternativos de óleo vegetal. O biodiesel pode ser utilizado na sua forma inalterada em motores diesel. Os combustíveis de óleos vegetais devem ser modificados e utilizados apenas em motores de ignição por combustão. A maior caraterística do combustível biodiesel é o facto de ser amigo do ambiente, o que não se verifica em muitos combustíveis tradicionais. O biodiesel é produzido a partir de recursos renováveis, o que significa que é seguro para o ambiente. Não produz emissões elevadas como os combustíveis tradicionais. O biodiesel não causa efeitos nocivos para o ambiente, o que produzirá efeitos positivos para as gerações futuras. Isto faz do biodiesel um dos combustíveis alternativos mais fáceis de utilizar. De facto, é uma excelente opção para utilização em quintas e em equipamento agrícola.

Historicamente, os agricultores do mundo produziam alimentos, rações e fibras. Atualmente, estão a começar a produzir também combustível. Uma vez que quase tudo o que comemos pode ser convertido em combustível para automóveis, o elevado preço do petróleo está a tornar-se o preço de apoio dos produtos agrícolas. O papel da agricultura na economia global será claramente reforçado ao enfrentar um mercado vasto e praticamente ilimitado de combustível para automóveis. Os países tropicais e subtropicais que podem produzir óleo de coco, de cana-de-açúcar ou de palma poderão explorar plenamente as suas condições de cultivo durante todo o ano, o que lhes dará uma forte vantagem comparativa no mercado mundial. Com a expansão da produção de biocombustíveis, o preço mundial do petróleo tornar-se-á, de facto, um preço de apoio para os produtos agrícolas. Se os preços dos géneros alimentícios e das culturas forrageiras forem baixos e os preços do petróleo forem altos, as matérias-primas irão para os produtores de combustíveis. Este facto abre o debate sobre se o biocombustível produzido a partir da agricultura compete com os alimentos. Com os preços do petróleo agora suficientemente elevados para estimular investimentos potencialmente maciços na produção de combustíveis, a economia agrícola mundial, que já luta para alimentar 6,5 mil milhões de pessoas, enfrentará exigências muito maiores.

Atualmente, a fonte sustentável mais promissora para a produção de biocombustíveis, que atrai enorme atenção entre cientistas, engenheiros, investigadores e produtores de petróleo, são as microalgas. Acredita-se que esta é a única fonte que pode potencialmente substituir os combustíveis derivados do petróleo num futuro próximo. As microalgas estão naturalmente disponíveis noutros locais e a sua utilização como fonte de energia oferece inúmeras vantagens em relação a outras plantas ricas em petróleo. Estas incluem a sua capacidade de sequestro de dióxido de carbono (CO_2), que pode desempenhar um papel significativo na diminuição da quantidade de CO_2 na atmosfera. As microalgas podem ser cultivadas em terras não aráveis, o que elimina o receio de competir com os alimentos e as fibras. Atualmente, existem inúmeras aplicações comerciais de microalgas, não só para biocombustíveis. Por exemplo, as microalgas podem ser utilizadas para aumentar o valor nutricional dos alimentos para consumo humano e animal devido à sua composição química, desempenham um papel crucial na aquicultura e podem ser incorporadas em cosméticos. Além disso, são cultivadas como fonte de moléculas altamente valiosas. Por exemplo, os óleos de ácidos gordos poli-insaturados são adicionados a fórmulas infantis e suplementos nutricionais e os pigmentos são importantes como corantes naturais. Os bioquímicos com isótopos estáveis ajudam na determinação estrutural e nos estudos metabólicos. A investigação futura deve centrar-se na melhoria dos sistemas de produção para produção em massa e na modificação genética das estirpes para obter um rendimento elevado. Os produtos microalgais tornar-se-iam, assim, ainda mais diversificados e economicamente competitivos.

Neste estudo, foi realizada uma revisão abrangente sobre microalgas e a abordagem numérica da conceção de reactores onde as células são cultivadas. A revisão proporcionou uma compreensão profunda das microalgas, dos seus sistemas de produção, tais como pistas e PBRs, dos seus principais requisitos de crescimento, incluindo luz, CO_2 e temperatura. Foram discutidos os vários aspectos do projeto CFD que consideraram a distribuição da intensidade da luz, a mistura e a injeção de gás nos reactores. A abordagem CFD para simular corretamente a hidrodinâmica do fluxo com a implementação adequada dos diferentes tipos de modelos multifásicos e modelos de turbulência foi também adequadamente revista. As oportunidades da abordagem CFD também foram discutidas, tendo sido proposto o desenvolvimento de um modelo de crescimento de microalgas que pode ser integrado na simulação CFD durante o projeto.

A análise CFD foi seguida da validação do código informático e das abordagens de projeto utilizando a velocimetria por imagem de partículas (PIV). A validação é muito importante no domínio dos estudos de modelação e simulação. Por exemplo, no caso da CFD, trata-se de estabelecer a exatidão dos códigos utilizados, de modo a criar credibilidade e confiança nos resultados, que podem ser utilizados para tirar conclusões e tomar decisões. O PIV é um método ótico de visualização do fluxo num sistema sob investigação. O método é utilizado na prática para obter medições instantâneas da velocidade e das propriedades relacionadas dos fluidos no interior de um sistema. Geralmente, isto é feito comparando os resultados da simulação com a realidade física através da realização de experiências laboratoriais ou de campo. Neste estudo específico, a experiência PIV foi realizada inicialmente para obter dados para comparação com os resultados da simulação para fins de validação.

Depois de estabelecida a validade do código CFD e obtida a confiança na técnica de simulação, foram concebidos fotobiorreactores (PBR) comparando 32 casos de PBR com base no seu desempenho hidrodinâmico. A conceção do PBR do tipo coluna de bolhas cilíndrica foi escolhida tendo em conta a simplicidade da sua geometria, sem partes móveis, a transferência adequada de calor e massa, o menor custo operacional e o baixo consumo de energia necessário para o cultivo efetivo. Os 32 casos de simulação foram compostos por quatro caudais de ar, quatro diâmetros de bolha e duas geometrias de PBR. Os parâmetros da investigação hidrodinâmica incluem as percentagens de zonas mortas, o tempo médio de circulação e a intensidade da turbulência. Na investigação, a abordagem de avaliação do desempenho do PBR combinando os três principais parâmetros hidrodinâmicos é a primeira do género, pelo que foi estabelecido um critério para cada parâmetro em que os casos de PBR foram submetidos a avaliação. Os casos que passaram os critérios estabelecidos foram recomendados para o cultivo real de microalgas, tendo o melhor caso sido utilizado no cultivo real de microalgas, que foi efectuado imediatamente após as simulações CFD.

O cultivo prático de microalgas centrou-se na determinação da concentração de biomassa das células de microalgas no modelo típico de bolha cilíndrica de 30 L e no PBR recomendado a partir da simulação CFD, que é aqui referido como o modelo melhorado. O cultivo de microalgas nos PBRs é uma abordagem ideal para finalmente confirmar os resultados da técnica de simulação numérica e finalmente cimentar as conclusões tiradas durante o estudo de simulação.

CAPÍTULO 2

2. Revisão da literatura

2.1. Microalgas

As microalgas são uma nova fonte promissora de biodiesel. São um grupo diversificado de microrganismos procarióticos e eucarióticos fotossintéticos com uma estrutura simples que lhes permite crescer rapidamente (Li *et al.*, 2008). Em revisões recentes de Patil *et al.* (2008) e Chisti (2007), as microalgas parecem ser a única fonte de biodiesel renovável capaz de satisfazer a procura global de combustíveis para transportes, com potencial para substituir completamente a utilização de combustíveis fósseis (**Quadro 2-1**). Em condições óptimas de crescimento, algumas espécies de microalgas podem produzir e acumular hidrocarbonetos até 30 ~ 70 % do seu peso seco, e o elevado teor de óleo de algumas espécies de algas permite-lhes produzir 1000 vezes mais óleo do que a soja cultivada na mesma área de terreno (Kong *et al.*, 2007). O teor de óleo das microalgas pode exceder 80% do peso da biomassa seca, mas os níveis de óleo normalmente atingidos são de 20-50% (Metting, 1996; Spolaore, 2006) (ver também **Quadro 2-2**).

Outros benefícios das microalgas incluem a sua utilização como alimento saudável, como produtoras de compostos úteis (Borowitzka, 1999), como biofiltros para remover nutrientes e outros poluentes das águas residuais (Sawayama, 1994) e como indicadores de alterações ambientais. São também frequentemente utilizadas na tecnologia espacial e como sistemas de investigação laboratorial (Ai *et al.*, 2009; Chaumont, 1993). As microalgas são também cultivadas comercialmente para fins farmacêuticos, nutracêuticos, cosméticos e aquacultura (Ranjbar *et al.*, 2008; Pulz e Gross, 2004; Olaizola, 2003; Molina *et al.*, 1999). Várias aplicações comerciais de microalgas e desenvolvimentos biotecnológicos de microalgas foram analisados por (Spolaore *et al.*, 2006; Wen e Chen, 2003; Apt e Behrens, 1999; Radmer e Parker, 1994).

A produção de microalgas não é recente; remonta à Segunda Guerra Mundial, quando os alemães consideraram a produção em tanques abertos para suplementos alimentares (Ugwu, 2008; Borowitzka, 1999). Na década de 1950, descobriu-se que as algas sequestravam CO_2 na atmosfera, o que impulsionou o interesse pela produção em massa. A extração de óleo de microalgas começou durante o susto do abastecimento de gás nos anos 70 (Barkley *et al.*, 1987). No entanto, a continuação da investigação sobre a produção em massa e a extração de óleo foi dificultada devido aos elevados custos de produção. Atualmente, perante a realidade do aumento da procura de energia e do esgotamento das fontes de energia, é imperativo encontrar novas fontes de energia alternativas e a ideia da extração de óleo a partir de microalgas voltou a merecer muita atenção. Atualmente, estão em curso investigações avançadas sobre microalgas, tanto no terreno como em laboratório.

Quadro 2-1 Comparação de algumas fontes de biodiesel.

Crop	Oil yield (L ha^{-1})
Corn	172
Soybean	446
Canola	1190
Jathropa	1892
Coconut	2689
Oil palm	5950
Microalgae[a]	136,900
Microalgae[b]	58,700

[a] 70% de óleo (em peso) na biomassa, [b] 30% de óleo (em peso) na biomassa Fontes: Singh e Singh (2010); Chisti (2007); Conley (2006)

Quadro 2-2 Teor de óleo de algumas microalgas.

Microalgae	Oil content (% dry wt)
Botryococcus braunili	25-75
Chlorella sp.	28-32
Crypthecodinium cohnii	20
Cylindrotheca sp.	16-37
Cylindrotheca sp.	23
Dunaliella primolecta	25-33
Isochrysis sp.	>20
Monallanthus salina	20-35
Nannochloris sp.	31-68
Neochloris oleoabundans	35-54
Nitzschia sp.	45-47
Phaeodactylum tricornutum	20-30
Schizochytrium sp.	50-77
Tetraselmis sueica	15-23

Fontes: Chisti (2007); Schlagermann *et al.*, (2012)

2.2. Factores óptimos para o crescimento das microalgas

A investigação do crescimento e da multiplicação de células de microalgas é muito complexa. No entanto, os principais factores que podem contribuir para o crescimento ótimo das microalgas são a luz, o CO_2 e a temperatura, que foram determinados com base em muitos estudos laboratoriais. Estes factores óptimos são aqui discutidos.

2.2.1. Luz

Uma vez que as microalgas crescem fotossinteticamente, a intensidade da luz é um dos factores limitantes mais importantes (Oncel e Sukan, 2008; Oncel e Akpolat, 2006; Kirk, 1994; Kchmond *et al.*, 1990). Os sistemas de cultura de algas podem ser iluminados por luz artificial, luz solar ou ambas. Os sistemas de cultura de algas com iluminação natural e grandes superfícies de iluminação incluem lagos abertos, placas planas e tubulares horizontais/serpentinas, ou PBRs tubulares inclinados (Chisti, 2007). Os PBRs de placa plana são geralmente mais eficientes na utilização da luz solar do que os PBRs tubulares porque têm uma área de superfície mais ampla (Tredici e Zittelli, 1988). Foram feitas várias tentativas para aumentar os sistemas de base fechada (tanques, sacos de plástico suspensos) para 50-100 litros, mas como as necessidades de luz não podem ser satisfeitas, não foi possível desenvolver biomassa com êxito (Pulz, 2001). No cultivo ao ar livre, a última fonte de luz é o sol, que não pode ser controlado; por conseguinte, os estudos sobre a otimização da luz para os PBR são geralmente efectuados em interiores com iluminação artificial. Geralmente, os PBR à escala laboratorial são iluminados artificialmente, interna ou externamente, com lâmpadas fluorescentes ou outros distribuidores de luz. Para utilizar com êxito a luz artificial na fotossíntese, devem ser gerados fotões com comprimentos de onda entre 600-700 nm. Foi efectuada uma comparação de fontes de luz artificial, incluindo fluorescentes frias, incandescentes, halogéneo, AllnGap II (fosforeto de alumínio, índio e gálio com comprimento de onda máximo de 643 nm) e díodos emissores de luz (LED) (Kommareddy e Anderson, 2003). Os LEDs AllnGap II foram considerados a fonte de luz mais eficiente e económica. Emitem mais de 98% da sua luz entre 600-700 nm. A necessidade de intensidade de luz depende da densidade celular. Densidades celulares mais elevadas resultam na necessidade de intensidades de luz mais elevadas (Fan *et al.*, 2007). Todas as espécies de microalgas têm um requisito ótimo de luz e, quando este é excedido, o seu crescimento é retardado. Acima de um determinado valor, a intensidade da luz reduz efetivamente a taxa de crescimento da biomassa. Este fenómeno, conhecido como fotoinibição, ocorre quando as microalgas ficam inibidas a intensidades de luz apenas ligeiramente superiores ao nível em que a taxa de crescimento específico atinge o seu pico (Oncel e Akpolat, 2006; Camacho *et al.*, 2003; Jansen *et al.*, 2003). No entanto, existem poucas referências disponíveis sobre a foto-adaptação, a inibição da luz ou os efeitos de saturação em PBRs. Os processos fotoinibitórios dependem do tempo, e a destruição irreversível ocorrerá após alguns minutos de stress luminoso, com danos superiores a 50% após 10-20 minutos (Pulz, 2001). Em PBRs tubulares, observou-se que a fotoinibição ocorre durante o período de pico de irradiação, e a acidez fotossintética das células se recupera após algumas horas (Molina *et al.*, 2001). A eliminação da fotoinibição ou a sua deslocação para intensidades de luz mais elevadas aumentaria consideravelmente a taxa média diária de crescimento da biomassa de algas. Um problema adicional por resolver é como evitar a fotorrespiração, que diminui a eficiência fotossintética (Pulz, 2001). A fotorrespiração tende a ocorrer quando existe uma elevada concentração de oxigénio em relação ao dióxido de carbono.

2.2.2. CO_2

O dióxido de carbono é a fonte de carbono habitual para a cultura fotossintética de microalgas. À medida que o carbono é consumido, o oxigénio é produzido por fotólise da água e libertado no fluido de cultura (Molina *et al.*, 1999). Uma vez que as algas vivem de uma elevada concentração de dióxido de carbono, os gases com efeito de estufa (GEE), o dióxido de azoto (NO_2) e os poluentes presentes na atmosfera provenientes de diferentes fontes serão os nutrientes das algas. As instalações de produção de algas podem assim ser alimentadas com gases de escape provenientes da combustão de combustíveis fósseis para aumentar significativamente a produtividade. Vários estudos foram relatados noutros locais utilizando gases de combustão como fonte de carbono, no entanto, a toxicidade dos componentes dos gases de combustão não foi bem documentada. No estudo de Negoro *et al.*, (1991), o enxofre e o óxido de azoto (SO_x, NO_x), presentes no gás de combustão, inibem o crescimento das algas. Mais tarde, descobriram (Negoro *et al.*, 1993) que a produtividade do crescimento de microalgas a partir de gás de combustão e CO_2 puro era pouco influenciada pelo teor de SO_x, NO_x. Um estudo semelhante efectuado por Hauck *et al.* (1996) indicou que o baixo nível de *NOx*, tipicamente presente no gás de combustão depurado, não inibia o crescimento de *Chlorella.*

Os efeitos da concentração de CO_2 na composição dos lípidos das membranas, para além dos efeitos na fotossíntese, foram também salientados em alguns estudos (Tzuzuki *et al.*, 1990). A quantidade de CO_2 necessária para o crescimento varia consoante a espécie microalgal e o tipo de PBR. Verificou-se que um reator de bancada do tipo airlift com promotores de fluxo helicoidal tem menores necessidades de gás para as espécies de *Porphyridium* do que os reactores típicos de bolha e airlift, o que implica um menor custo de compressão de ar e de ar e CO_2 (Merchuk *et al.*, 2000). No entanto, as necessidades de CO_2 das microalgas, influenciadas pelo tipo de PBR, carecem ainda de mais investigações. Em termos de tolerância máxima ao CO_2, algumas espécies podem sobreviver com uma concentração de CO_2 muito elevada, mas normalmente é necessária uma concentração de CO_2 mais baixa para o seu crescimento máximo (**Quadro 2-3**).

As microalgas também têm diferentes requisitos de pH de crescimento (Kommareddy e Anderson, 2005) e, a níveis de pH elevados, a disponibilidade de CO_2 pode tornar-se limitativa do crescimento e da fotossíntese das microalgas (Chen e Durbin, 1994). A gama de pH para a maioria das espécies de algas cultivadas situa-se entre 7 e 9, com uma gama óptima de 8,2 ~ 8,7. O pH correto é conseguido através do arejamento da cultura. No caso de culturas de algas de alta densidade, a adição de dióxido de carbono corrige o aumento do pH, que pode atingir valores limitantes de até pH 9 durante o crescimento das algas. Para *S. dimorphus*, a produtividade média mais elevada de 0,54 g de peso seco por litro por dia foi alcançada a um pH de 8,5 (Kong *et al.*, 2007). O resultado do seu estudo (Kong *et al.*, 2007) também mostrou a possibilidade de adicionar CO_2 a culturas de *S. dimorphus* para aumentar a produtividade, enquanto qualquer redução do pH produzida pela adição de CO_2 a culturas de *S. dimorphus* resulta numa produtividade inferior. Embora uma concentração mais elevada de CO_2 possa conduzir a uma maior produtividade da biomassa, o efeito do pH baixo na fisiologia das microalgas e a maior possibilidade de contaminação não devem ser ignorados (Chen e Durbin, 1994).

2.2.3. Temperatura

O crescimento das algas também depende da temperatura, que requer um valor ótimo para o crescimento máximo. A temperatura é também importante para a dissociação das moléculas que contêm carbono, tornando o carbono disponível para a fotossíntese (Kommareddy e Anderson, 2005). A temperatura influencia a respiração e a fotorrespiração mais fortemente do que a fotossíntese. No entanto, se o CO_2 ou a luz forem um fator limitante para a fotossíntese, a influência da temperatura pode ser insignificante (Pulz, 2001; Kchmond, 1988; Kchmond *et al.*, 1990). A temperatura óptima para as culturas de microalgas situa-se geralmente entre 20 e 24 °C, embora possa variar em função da composição do meio de cultura, da espécie e da estirpe cultivada. As espécies de microalgas mais comummente cultivadas toleram temperaturas entre 16 e 27 °C. As temperaturas inferiores a 16 °C abrandam o crescimento, enquanto as superiores a 35 °C são letais para algumas espécies (Mehlitz, 2009).

Tabela 2-3 Tolerância ao CO_2 e concentração óptima de CO_2 de várias espécies de microalgas.

Species	Maximum tolerance of CO_2 concentration	Optimum CO_2 concentration	References
Cyanidium caldarium	100%		Seckbach *et al.*, 1971
Scenedesmus sp.	80%	10-20%	Hanagata *et al.*, 1992
Chlorococcum littorale	60%		Kodama *et al.*, 1993
Synechococcus elongatus	60%		Miyairi, 1997
Euglena gracilis	45%	5%	Nakano *et al.*, 1996
Chlorella sp.	40%	10%	Hanagata *et al.*, 1992
Eudorina sp.	20%		Hanagata *et al.*, 1992
Dunaliella tertiolecta	15%		Nagase *et al.*, 1998
Nannochloris sp.	15%		Yoshihara *et al.*, 1996
Chlamydomonas sp.	15%		Miura *et al.*, 1993
Tetraselmis sp.	14%		Matsumoto *et al.*, 1995

Fonte: Ono e Cuello (2003)

2.3. Sistemas de produção de grande dimensão: Lagoas de canal e fotobiorreactores

O êxito da produção em massa de microalgas em grande escala depende em grande medida da conceção e do desempenho dos sistemas de produção, como os tanques e os fotobiorreactores (PBR). Os tanques podem ser naturais ou artificiais, como os canais. Atualmente, nos sistemas de produção em grande escala, os tanques de canal são mais utilizados, especialmente para fins nutracêuticos. Uma forte razão para a produção em tanques com canais é o custo de investimento, uma vez que a produção de microalgas requer menos custos de produção e equipamento de capital do que outros recipientes de produção, como os fotobiorreactores. A desvantagem reside no controlo da qualidade, uma vez que as microalgas são propensas a contaminação e evaporação, porque estão expostas ao fenómeno natural. A produção intensiva de em lagos de calha é geralmente feita num circuito pouco profundo, tipicamente de 15 cm a 35 cm de profundidade, para garantir uma exposição adequada à luz solar (Darzins *et al*, 2010). As microalgas são continuamente circuladas em torno do circuito do lago pela ação de uma roda de pás que serve de força motriz e mantém as algas suspensas na água. A mistura uniforme das entradas em todo o tanque pode ser conseguida através da alimentação lenta num único ponto, à medida que o conteúdo do tanque passa pela entrada de alimentação. Da mesma forma, o conteúdo pode ser colhido uniformemente em todo o tanque a partir de uma única saída. A produção de algas nestes tanques pode ser até 10 vezes maior do que em tanques extensivos. As instalações actuais são revestidas com plástico ou cimento e têm tipicamente uma dimensão entre 0,2 e 0,5 ha. Estão previstas lagoas maiores para a produção de biocombustíveis e estas lagoas podem ser à base de argila (sem revestimento) para reduzir o custo de capital.

A produção de microalgas em sistema fechado é realizada através de reactores que são normalmente feitos de materiais transparentes para expor eficazmente as células de microalgas à luz. Assim, basicamente, um PBR é um bioreactor que incorpora algum tipo de fonte de luz. Praticamente qualquer recipiente translúcido poderia ser chamado de PBR; no entanto, o termo é mais comumente usado para definir um sistema fechado, em oposição a um tanque ou lago aberto. Estes PBRs foram desenvolvidos propositadamente para ultrapassar os problemas de contaminação e evaporação encontrados nos tanques de pista abertos. Estes sistemas podem ser instalados no exterior, para serem iluminados por luz natural livre, ou no interior, para utilização de luz artificial. Geralmente, os PBR têm uma geometria com uma grande relação área de superfície/volume (Chisti, 2007), como os modelos tubulares que são normalmente utilizados. As produções em grande escala de microalgas em PBRs tubulares são geralmente realizadas a partir de uma série de tubos transparentes geralmente alinhados com os raios solares para maximizar a energia livre. Além disso, estes tubos têm geralmente menos de 10 centímetros de diâmetro para maximizar a penetração da luz solar. O caldo médio é circulado através de uma bomba para os tubos, onde é exposto à fotossíntese da luz, e depois volta para um reservatório. Uma parte das algas é normalmente colhida depois de passar pelos tubos de recolha solar, tornando possível a cultura contínua de algas.

Considerando também os factores económicos, apenas os sistemas PBR são agora amplamente reconhecidos para a produção em massa

A produção de microalgas em PBRs reduz o risco de contaminação, melhora a reprodutibilidade das condições de cultivo e permite uma conceção técnica adequada (Pulz, 2001). O cultivo de microalgas em PBRs reduz o risco de contaminação, melhora a reprodutibilidade das condições de cultivo, permite o controlo da hidrodinâmica e da temperatura e permite uma conceção técnica adequada (Pulz, 2001). Como os sistemas PBR são fechados, todos os nutrientes essenciais devem ser introduzidos no sistema para permitir o crescimento e o cultivo das algas. Um PBR pode ser operado em "modo de lote", mas também é possível introduzir um fluxo contínuo de água esterilizada contendo nutrientes, ar e dióxido de carbono. À medida que as microalgas crescem, o excesso de cultura em crescimento transborda e é colhido. Sem cuidados suficientes, os biorreactores contínuos podem entrar rapidamente em colapso, mas uma vez iniciados com sucesso, podem continuar a funcionar durante longos períodos. Uma vantagem deste tipo de cultura de algas é o facto de as microalgas serem mantidas em fase logarítmica, o que geralmente dá um maior teor de nutrientes do que as algas velhas e senescentes. A produtividade máxima de um bioreactor ocorre quando a taxa de troca da cultura de crescimento, ou o tempo para trocar um volume de líquido, é igual ao tempo de duplicação da massa ou do volume de algas. Há uma comparação exaustiva entre o sistema de lagoas de calha e o sistema PBR disponível na literatura, como Richardson *et al.*, 2012; Ugwu e Aoyagi, 2010; Chisti, 2007, enquanto alguns sistemas de produção de microalgas em grande escala também são apresentados na **Fig. 2-1**.

Fig. 2-1 Sistemas de produção de microalgas: (a) Tanque de canal, (b) Tipo de placa plana (c) Tipo tubular inclinado (d) Tipo horizontal/contínuo. Fonte: Bitog *et al.*, 2011

2.4. Aspectos importantes da conceção

Nos estudos de simulação numérica, a técnica de dinâmica de fluidos computacional (CFD) tem estado na vanguarda da conceção de fotobiorreactores (PBR) onde são cultivadas microalgas. O advento da CFD na década de 1970 e o seu desenvolvimento contínuo abriram caminho para a conceção e o desenvolvimento de vários PBR como sistemas de produção. A disponibilidade de computadores de alta tecnologia permitiu agora uma análise pormenorizada dos PBR para o crescimento de microalgas, desde o nível mais simples ao mais complexo. As caraterísticas do fluxo no interior dos PBRs, que são muito críticas na conceção dos PBRs, podem agora ser completamente analisadas e visualizadas.

No entanto, apesar da disponibilidade destes PBRs que têm estado em desenvolvimento contínuo na última década, apenas alguns podem ser utilizados na prática para produção em massa. Muitas limitações ainda impedem a sua utilização, especialmente durante o aumento de escala (Ugwu *et al.*, 2008). O processo de aumento de escala ainda é mal compreendido devido à complexidade e aos padrões de fluxo sob diferentes conjuntos de parâmetros de projeto, tais como o diâmetro, a relação altura/diâmetro, o tipo de aspersor de gás e as propriedades físicas do líquido (Mouze *et al.*, 2004; Wild *et al.*, 2003; Deckwer, 1992;). O desenvolvimento do PBR ainda é um dos principais passos a serem dados para o cultivo eficiente de algas em massa (Ugwu *et al.*, 2008; Chisti, 2007). No entanto, com a técnica avançada de CFD, os padrões de fluxo complexos relacionados com os projectos e o funcionamento dos PBR estão agora a ser investigados em profundidade, tendo sido propostas soluções para a maioria dos problemas. De seguida, são discutidos alguns aspectos de conceção que devem ser tidos em conta, especialmente nas concepções de aumento de escala.

2.4.1. Mistura

Sabe-se que a mistura em PBRs aumenta consideravelmente a produtividade da biomassa (Lou e Al-Dahhan, 2004). A mistura desempenha um papel importante para assegurar a distribuição da intensidade da luz, a transferência suficiente de CO_2 e a manutenção de um pH uniforme (Kommareddy e Anderson, 2005). Num estudo realizado por Lisec (2004), verificou-se que a produtividade de *S. dimorphus* num PBR em placa era três vezes inferior à produtividade mais elevada determinada de 0,54 g de peso seco por litro por dia. Uma possível explicação para a diferença entre os dois estudos pode ser o menor volume de ar na placa PBR e, portanto, um regime de mistura mais pobre, no estudo de Lisec. Nos reactores de coluna de bolhas, quanto maior for o tempo de permanência do ar no meio com bolhas mais pequenas, mais transferência de massa é esperada (Contreras, 1998). A mistura é necessária para evitar a sedimentação das algas e, ao mesmo tempo, evitar a fixação das células à parede do reator. A mistura também assegura que todas as células sejam igualmente expostas à luz e aos nutrientes e melhora as trocas gasosas entre o meio de cultura e o ar (Carvalho *et al.*, 2006; Kommareddy e Anderson, 2005; Lou e Al-Dahhan, 2004). Este último é de importância primordial, uma vez que o ar contém a fonte de carbono para a fotossíntese sob a forma de CO_2. Para culturas muito densas, o CO_2 proveniente do ar (contendo 0,035 % de CO_2) e borbulhado através da cultura pode ser limitante para o crescimento das algas, pelo que o dióxido de carbono puro pode ser suplementado ao fornecimento de ar (*por exemplo,* a uma taxa de 1 % do volume de ar). Para além disso, a adição de CO_2 permite amortecer as alterações de pH da água em resultado do equilíbrio CO2/HCO3 (Chen e Durbin, 1994).

Uma mistura deficiente permite a aglutinação das células em agregados de dimensões variáveis, conduzindo assim ao desenvolvimento de um sistema trifásico (sólido-líquido-gás) no interior do reator que é propenso a uma menor transferência de massa (Panda, 1989). No entanto, nem todas as espécies de algas podem tolerar uma agitação elevada para uma mistura eficiente devido à sua sensibilidade às tensões hidrodinâmicas. Taxas de mistura elevadas podem provocar lesões nas células induzidas por cisalhamento (Gudin e Chaumont, 1991; Thomas e Gibson, 1990; Panda, 1989), o que pode também prejudicar a sua viabilidade (Carvalho, 2006).

A mistura em reatores de coluna de bolhas e de airlift pode ser caracterizada pelo coeficiente de dispersão axial, tempo de mistura, tempo de circulação e número de Bodenstein (Miron *et al.*, 2004). A análise da mistura em colunas de bolhas mostrou que estes têm tempos de mistura mais curtos do que os reactores airlift, embora, devido a considerações de eficiência e produtividade da biomassa, os reactores airlift sejam preferidos (Ranjbar *et al.*, 2008; Oncel e Sukan, 2008; Fan *et al.*, 2007; Degen *et al*, 2001). Isto deve-se ao facto de as bolhas que sobem no interior do tubo de sucção proporcionarem uma zona menos turva na região do anel, permitindo assim uma melhor exposição à luz. Além disso, a presença do tubo de sucção nos PBRs airlift resulta numa mistura mais eficaz, devido ao circuito interno, que permite que a cultura circule através do tubo de sucção e desça através do anel entre a coluna da caixa e o exterior do tubo de sucção (Oncel e Sukan, 2008). Além disso, os reactores airlift têm um fluxo de fluido mais definido e taxas de transferência de massa gás-líquido relativamente mais elevadas. Uma coluna de bolhas é suscetível de causar uma densidade celular desigual ao longo do comprimento do reator, o que pode induzir a fome e a morte das algas (Fan *et al.*, 2007).

2.4.2. Penetração da luz

Uma das chaves mais importantes para aumentar a escala dos PBRs com sucesso é, sem dúvida, o aspeto da penetração da luz no interior do PBR. A iluminação no interior do PBR influencia a composição da biomassa, a taxa de crescimento e a formação de produtos. As microalgas precisam de luz dentro da radiação fotossinteticamente ativa (PAR) para obter energia através da fotossíntese (Fernandes *et al.*, 2010). O comprimento de onda da PAR varia de 400 a 700 nm, que é igual à luz visível (Kommareddy e Anderson, 2003). Em cultura densa, o gradiente de luz varia ao longo do raio do PBR devido à atenuação da luz (Grima *et al.*, 1994). A atenuação da intensidade da luz depende do seu comprimento de onda, da concentração celular, da geometria do PBR e da distância de penetração da luz (Fernandes *et al.*, 2010). Portanto, a intensidade da luz num determinado ponto dentro do PBR depende do comprimento do caminho da luz, da concentração celular e da absorção da luz pelas microalgas (Grima *et al.*, 1994). Comparando a penetração da luz em PBRs de bolhas e de airlift, o caminho de penetração da luz é mais largo para colunas de bolhas do que para PBRs de airlift, devido ao caminho mais longo para o centro da coluna de bolhas e ao efeito de nuvem causado pelas bolhas caóticas que sobem na coluna (Oncel e Sukan, 2008).

2.4.3. Injeção de gás

A introdução do fornecimento de CO_2 através de bolhas no PBR deve ser fortemente considerada no projeto. A injeção de CO_2 refere-se ao processo pelo qual o dióxido de carbono é introduzido artificialmente no PBR. Vários estudos mostraram que o arejamento de gás rico em dióxido de carbono através de um PBR fornece CO_2 às algas e também ajuda a desoxigenar a suspensão e proporciona mistura para aumentar a frequência do ciclo, limitando assim a inibição da luz. No entanto, do ponto de vista económico, uma taxa de arejamento elevada conduz a custos de funcionamento mais elevados, pelo que não é recomendada para a produção de microalgas em grande escala (Zhang *et al*, 2002). Por conseguinte, vários estudos caracterizaram o arejamento ótimo por gás de dióxido de carbono para a produção de microalgas no PBR. O ar enriquecido com 5% ou 10% (v/v) de CO_2 a taxas de 0,025 ~ 1 vvm (volume de ar/meio/tempo) é considerado económico para a cultura em massa (Zhang *et al*, 2002). Em fotobiorreactores de painel plano, foi proposta uma taxa de arejamento óptima de 0,05 v/v min^{-1} suficiente para melhorar a mistura e a transferência de massa (Sierra *et al*, 2008).

2.5. Concepções actuais do PBR

Diferentes tipos de PBRs estão disponíveis noutros locais (Sato *et al.*, 2006; Pulz, 2001; Tredici e Materassi, 1992) e incluem colunas de bolhas (Oncel e Sukan, 2008; Miron *et al*, 1999), reactores airlift (Oncel e Sukan, 2008; Ranjbar *et al.*, 2008; Miron *et al.*, 1999), e PBRs de tanque agitado, tubulares (Richmond *et al.*, 1993), cónicos (Contreras *et al.*, 1998) e toro (Pruvost *et al.* (2006). Os PBRs são geralmente classificados de acordo com a sua estrutura e, para a produção de microalgas, os PBRs tubulares, os reactores de placa plana e os PBRs de coluna vertical são os mais comuns. Os PBR tubulares são um dos tipos mais adequados para culturas em massa no exterior. Têm geralmente uma grande área de superfície de iluminação com produtividades de biomassa bastante boas e são relativamente baratos porque são geralmente construídos com tubos de vidro ou de plástico (Ugwu *et al.*, 2008; Pulz, 2001; Richmond *et al.*, 1993). Os PBRs de placa plana são geralmente feitos de materiais transparentes para uma utilização máxima da energia da luz solar. Esses PBRs permitem uma boa imobilização das algas e um caminho de luz adequado, além de serem prontamente temperados e fáceis de limpar (Ugwu *et al.*, 2008). Os PBRs de coluna vertical são compactos, baratos e fáceis de operar. São promissores para o cultivo de microalgas em grande escala e têm um elevado potencial de escalabilidade.

Nos estudos de simulação, os tipos mais comuns de PBRs que foram exaustivamente investigados são a coluna de bolhas e os reactores de elevação de ar. Estes PBRs são amplamente utilizados industrialmente devido à sua construção e operação simples (Joshi, 2001) e são geralmente constituídos por recipientes cilíndricos nos quais o gás é espargido para o líquido (Merchuk *et al.*, 1994). Os reactores de elevação de ar são, na realidade, reactores de coluna de bolhas modificados com estruturas internas que modificam as caraterísticas do fluxo interno do

PBR. A ausência de partes móveis e as suas caraterísticas adequadas de transferência de calor e massa, juntamente com os seus custos operacionais baratos devido à baixa necessidade de energia, tornam-nos adequados para a produção em massa de microalgas. A disponibilidade de luz nesses PBRs é influenciada pela taxa de aeração, retenção de gás e velocidade do líquido (mistura e turbulência) (Miron *et al.*, 2000). Para obter luz suficiente para a coluna de bolhas e para o PBR de elevação de ar, o diâmetro não deve exceder 20 mm ou a disponibilidade de luz dentro do PBR será severamente reduzida. Além disso, a altura de um único dispositivo é limitada a cerca de 4000 mm por razões estruturais e para reduzir o sombreamento mútuo dos reactores numa instalação com várias colunas, o que seria necessário para qualquer operação à escala comercial (Miron *et al.*, 1999). A mistura no interior dos PBR é conseguida através das bolhas libertadas no aspersor, que coalescem imediatamente formando bolhas maiores e sobem rapidamente ao longo do eixo das colunas, pondo todo o líquido em circulação, com movimento ascendente perto do eixo do cilindro e movimento descendente perto das paredes (Merchuk *et al.*, 1994).

2.6. Abordagem da dinâmica de fluidos computacional (CFD) para projectos de PBR

Entre os muitos modelos utilizados para prever a hidrodinâmica e as caraterísticas conexas dos PBR e de outros sistemas de escoamento multifásico, o CFD é o que tem maior potencial de aplicação a longo prazo (Hutmacher e Singh, 2008; Grace e Taghipour, 2004; Leib *et al.*, 2001). A CFD é uma ferramenta poderosa utilizada para estudar os escoamentos de fluidos. Esta ferramenta utiliza computadores e técnicas numéricas para resolver problemas que envolvem o movimento de fluidos. Utilizando a CFD, pode ser construído um modelo computacional que representa um sistema ou dispositivo e, aplicando a física e a química do escoamento de fluidos a este protótipo virtual, pode ser determinada uma previsão da dinâmica dos fluidos e dos fenómenos físicos relacionados. A técnica CFD resolve numericamente as equações de Navier-Stokes em cada célula do domínio computacional.

A CFD é considerada uma ferramenta eficaz para complementar as limitações das experiências de campo e de laboratório, e uma abordagem que pode ser utilizada a um custo mínimo. O CFD pode ser utilizado para estudar factores em PBRs que influenciam a hidrodinâmica do escoamento e que influenciam grandemente as correntes de líquido na coluna, tais como a velocidade superficial do gás, a retenção de gás, o diâmetro das bolhas, a geometria da coluna, etc.

Como é difícil prever a hidrodinâmica das colunas de bolhas em experiências laboratoriais, as correntes de líquido também são difíceis de prever. No entanto, publicações recentes mostraram que a hidrodinâmica das colunas de bolhas pode ser estimada utilizando simulações CFD (Kommareddy e Anderson, 2004). A aplicação de CFD ao projeto de PBR está a tornar-se mais popular, à medida que os computadores se tornam mais capazes e acessíveis, permitindo tempos de computação mais rápidos e a capacidade de resolver mesmo as geometrias mais complicadas. Na última década, foram publicados numerosos trabalhos que utilizam CFD no projeto de reactores de coluna de bolhas, com um interesse crescente atribuído a: (1) progressos nas técnicas de medição que podem ser aplicadas à hidrodinâmica local em colunas de bolhas e fornecer medições locais mais fiáveis para testar a fiabilidade das previsões CFD; (2) aumentos na capacidade dos computadores; (3) melhorias na qualidade dos sistemas de programas CFD; (4) métodos numéricos melhorados e melhor escolha dos modelos de turbulência; e (5) o aparecimento de estudos de colunas de bolhas como referência para os escoamentos dispersos gás-líquido devido aos regimes de escoamento, às interfaces gás-líquido deformáveis e à falta de conhecimentos sobre termos de encerramento como a turbulência e as interações bolha-bolha (Wild *et al.*, 2003).

2.6.1. Modelação do escoamento: Turbulência

A modelação da turbulência é uma questão fundamental na maioria das simulações CFD. Nos PBRs, as taxas de crescimento das microalgas aumentam inicialmente com o aumento da turbulência, mas o crescimento diminui drasticamente com o aumento da velocidade do gás devido a danos nas células (Merchuk *et al.*, 2000). Para obter uma previsão precisa da hidrodinâmica no PBR, alguns factores como o tamanho das bolhas, a resolução da grelha e a seleção do modelo de turbulência são muito importantes (Gimbun, 2009). Em simulações de escoamentos bifásicos, o modelo de turbulência *k-ε* publicado por Launder e Spalding (1972) tem sido amplamente utilizado (**Tabelas 2-4 e 2-5**). Isto deve-se à sua simplicidade e à sua capacidade de prever escoamentos turbulentos limitados por paredes (Joshi, 2001).

Tabela 2-4 Lista de PBRs investigados com CFD na última década.

Type of PBR	CFD Code	Focus of the study	Turbulence model	Author
Cylindrical bubble column	FLUENT	Investigation of PBR for microalgae for biodiesel production	*k-ε*	Seo *et al.*, 2012
Flat plate	FLUENT	Study on the destabilization mixing in the PBR	*k-ε*	Su *et al.*, 2010
Pipe type	FLUENT	Development of virtual PBR for microalgae culture considering turbulent flow and flashing light effect	-	Sato *et al.*, 2010
Cylindrical bubble column	FLUENT	Assessment of turbulence models	*k-ε*	Gimbun, 2009
Cylindrical bubble column	FLUENT	Large-sized PBR for microalgae production	*k-ε*	Bitog *et al.*, 2009
Torus reactor	FLUENT	Hydrodynamics in a square-sectioned torus reactor, Mixing time	*k-ω*	Pramparo *et al.*, 2008
Cylindrical bubble column	FLUENT	Comparison of species modeling	-	Yoo *et al.* 2008
Rectangular bubble column	FLUENT	Drag force formulation to describe regime transitions	*k-ε*	Simonnet *et al.*, 2008
Cylindrical bubble column	FLUENT	Continuous phase viscosity, bubble diameter and drag model	-	Santos *et al.*, 2008
Cylindrical bubble column	FLUENT	Use of VOF: Effect of air distributor	*k-ε*	Akhtar *et al.*, 2007
Rectangular bubble column	FLUENT	Radiation distribution in an externally illuminated PBR	RNG *k-ε*	Trujilio *et al.*, 2007
Cylindrical bubble column	FLUENT	Applicability of VOF model, Hydrodynamics of flow	Standard *k-ε*	Akhtar *et al.*, 2007
Cylindrical bubble column	FLUENT	Mixing as affected by gas velocity, Effect of Turbulence models	*k-ε*	Rampure *et al.*, 2007
Torus shape reactor	FLUENT	Hydrodynamics of flow, Mixing with impeller	*k-ω*	Pruvost *et al.*, 2006
Cylindrical bubble column	FLUENT	Design of a gas distributor: 3D CFD simulation of a coupled system consisting of a gas chamber and a bubble column	*k-ε*	Dhotre and Joshi, 2006
Cylindrical bubble column		Prediction of flow pattern using 1D, 2D and 3D *k-ε* models Axial dispersion coefficient	Standard *k-ε*	Ekambara *et al.*, 2005
Cylindrical bubble column	FLUENT	Gas-liquid-solid flow modeling	*k-ε*	Glover and Generalis, 2004
Draft tube airlift reactor	FLUENT	Pressure drop to measure gas hold-up, Vertical velocity	-	Blazey *et al.*, 2004

Tabela 2-5 Lista de PBRs investigados com CFD na última década (Cont.)

Type of PBR	CFD Code	Focus of the study	Turbulence model	Author
Rectangular flat walled column	FLUENT	Hydrodynamics of flow, Mixing characteristics	-	Kommareddy and Anderson, 2004
Cylindrical bubble column	FLUENT	Bubble size distribution, Axial liquid velocity, Gas holdup	-	Mouza *et al.*, 2004
Jet-loop reactor	FLUENT	Hydrodynamics of flow, Three phase system (gas-liquid-solid)	Standard k-ε	Szafran and Kmiec, 2004
Airlift reactor	CFX 4.2	Hydrodynamics of flow	Standard k-ε	Baten *et al.*, 2003
Fluidized bed	Modified K-FIX	Hydrodynamics of flow with binary mixtures	-	Huilin et al., 2003
Plate type	FLUENT	Hydrodynamics of flow and improvement of the PBR	RNG k-ε	Perner *et al.* 2003
Rectangular and Cylindrical bubble columns	FLUENT	Comparison among modeling approaches, 2D v/s 3D, order of discretization, turbulence closure	Standard k-ε, Prandtl	Bertola, 2003
Cylindrical bubble column	CFX 4.2, 4.4	Scaling up with highly viscous liquid phase	Standard k-ε	Krishna and Baten, 2002
Cylindrical bubble column	CFX 4.3	Influence of superficial gas velocity, solid loading and geometry on liquid flow velocities and hold-up distributions	Standard k-ε	Michele and Hempel 2002
Cylindrical bubble column	FLUENT	Simulate transient fluid dynamics and mixing in a shallow PBR	Standard k-ε	Ranade and Tayalia 2001
Cylindrical bubble column	CVD-2	Hydrodynamics of bubble rising in a liquid medium at high pressures	-	Li *et al.* 2000
Cylindrical bubble column	CFX 4.2, 4.4	Three-phase Eulerian simulation in churn turbulent regime	Standard k-ε	Krishna *et al.* 2000
Cylindrical bubble column	FLUENT	Simulation of a two-phase flow	ASMM	Glover *et al.*, 2000
Rectangular bubble column	STABilized	Effect of aspect ratio of bubble column on flow pattern	-	Delnoij *et al.*, 1999
Rectangular bubble column	CFX 4.2	The influence of turbulence modeling (Turbulent and Laminar)	Standard k-ε	Pfeger *et al.* 1999
Cylindrical bubble column	FLUENT	Validation of a transient, 2D simulations	RNG k-ε	Sanyal *et al.*, 1999

Existem três opções diferentes disponíveis para a modelação da turbulência de escoamentos multifásicos no FLUENT, nomeadamente os modelos de mistura k-ε, dispersão k-ε e duas fases

k-ε (Manual do Fluent, 2006). Os três modelos de turbulência utilizam as mesmas constantes de modelo, mas têm equações diferentes para ter em conta a viscosidade da turbulência (Gimbun, 2009). A utilização adequada destes modelos é aqui apresentada conforme discutido por Gimbun (2009). O modelo de mistura é aplicável quando as fases se separam, para escoamentos multifásicos estratificados (ou quase estratificados) e quando a razão de densidade entre as fases é próxima de 1. Nestes casos, a utilização das propriedades da mistura e das velocidades da mistura é suficiente para captar caraterísticas importantes do escoamento turbulento. O modelo k-ε disperso é adequado quando a fase secundária é diluída e a fase primária é claramente contínua, o modelo de turbulência k-ε disperso é utilizado e resolve as equações k-ε padrão para a fase primária. O modelo de turbulência mais geral para escoamentos multifásicos resolve um conjunto de equações de transporte k e ε para cada fase. Este modelo de turbulência é a escolha adequada quando a transferência de turbulência entre as fases desempenha um papel dominante, *ou seja,* quando a fração de vazio do gás é elevada.

Uma avaliação dos modelos de turbulência no PBR de coluna de bolhas foi realizada por Gimbun (2009) e concluiu que a seleção de um modelo de turbulência adequado para a modelação gás-líquido depende muito da fração de vazio (retenção de gás) da fase dispersa. Quando a fração de vazio da fase dispersa é elevada (até 30% de retenção de gás), o modelo de turbulência bifásico parece ser mais adequado. Um modelo de turbulência mais elaborado, como a simulação de grandes turbilhões (LES), também foi utilizado recentemente para modelar o fluxo bifásico na coluna de bolhas (Dhotre *et al.*, 2007). No entanto, a modelação da turbulência em escoamentos multifásicos é uma questão extremamente complexa devido ao grande número de termos que têm de ser modelados na equação do momento (Szafran e Kmiec, 2004).

Num estudo efectuado por Pfleger *et al.* (1999), a tónica foi colocada na influência da modelação da turbulência. Foram efectuadas simulações laminares e turbulentas e os resultados mostram uma imagem qualitativamente correta da circulação global do fluido (**Fig. 2-2**). Foi utilizado um k-ε padrão para descrever a turbulência que ocorre no fluido contínuo num PBR de coluna de bolhas. Os resultados mostram que é necessário considerar um modelo turbulento para obter resultados corretos. O modelo laminar mostra um comportamento caótico e não as oscilações harmónicas observadas em experiências. Foi encontrado um perfil de velocidade corretamente formado com a descrição turbulenta da fase líquida. O resultado turbulento ajusta-se muito bem à experiência na altura superior e média. Uma comparação entre a velocidade axial dos modelos *k-ε* e os dados experimentais foi também traçada por Szafran e Kmiec (2004) num reator de jato e os resultados mostraram que os modelos *k-ε* melhorados não proporcionaram uma melhor precisão (**Fig. 2-3**), mas levaram a um aumento do tempo de cálculo. O perfil de velocidade para um modelo padrão de *k-ε* está mais próximo dos dados experimentais, mas as diferenças entre os modelos são insignificantes em comparação com o erro de cálculo total. O modelo *k-ε* padrão também obteve a convergência e a estabilidade mais rápidas da solução.

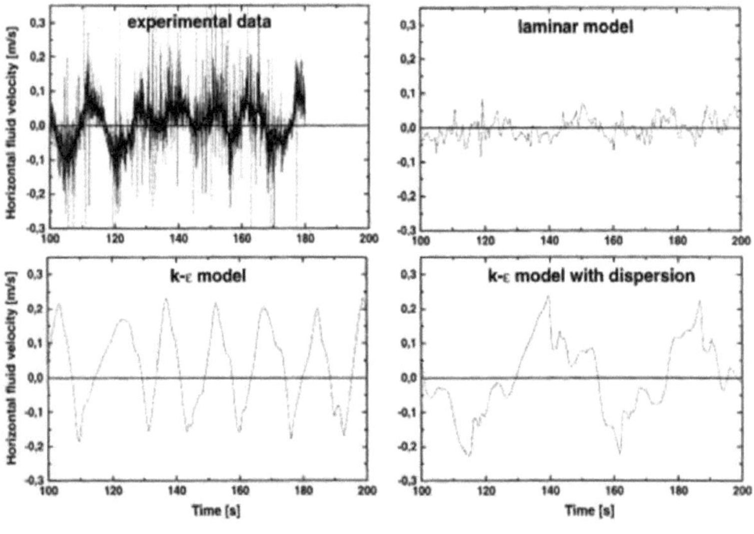

Fig. 2-2 Série temporal da velocidade horizontal do fluido no ponto central da coluna de bolhas. Fonte: Pfleger *et al.* (1999).

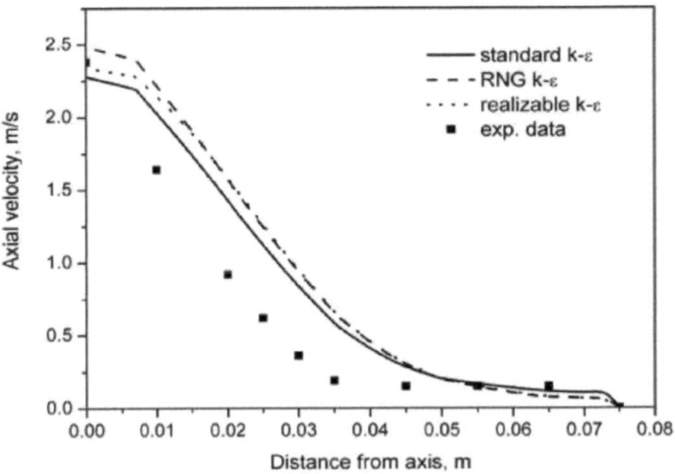

Fig. 2-3 Comparação dos perfis de velocidade axial da água previstos no tubo de sucção à distância de 125 mm da saída do ejetor, obtidos para diferentes modelos de turbulência, com dados experimentais. Fonte: Szafran e Kmiec (2004).

2.6.2. Modelação multifásica

A simulação de bolhas no interior do PBR pode ser efectuada através de modelação multifásica, onde podem ser aplicados modelos de transporte de espécies. Entre as abordagens de simulação multifásica disponíveis para estudos hidrodinâmicos, os modelos multifásicos Euleriano-Euleriano e Lagrangiano-Euleriano têm sido popularmente utilizados (Bakker, 2002). Na abordagem Euleriana-Euleriana, existem três modelos de escoamento multifásico: o volume de fluido (VOF), o modelo de mistura e o modelo de Euler, enquanto os modelos multifásicos Lagrangiano-Eulerianos são geralmente implementados com o modelo de fase discreta (DPM), que é utilizado para obter a distribuição real da fase sólida e a fase fluida é tratada como um continuum, enquanto a fase sólida dispersa é resolvida através do seguimento de um grande número de partículas através do campo de escoamento (Kozic *et al.*, 2011). O transporte de espécies em modelos multifásicos resolve as equações de conservação que descrevem a convecção, a difusão e as fontes de reação para cada espécie componente. Podem ser modeladas múltiplas reacções químicas simultâneas, com reacções que ocorrem na fase a granel (reacções volumétricas) e/ou nas superfícies das paredes ou das partículas, e na região porosa.

Os modelos mais comuns de transporte de espécies e as suas capacidades são aqui discutidos.

2.6.2.1. *Euleriano-Euleriano*

O modelo multifásico Euleriano-Euleriano calcula a média das equações de Navier-Stokes sobre o volume, incluindo partículas arbitrárias e uma fase contínua. Ele resolve as equações de continuidade, massa e momento para as fases fluida e sólida, e rastreia a fração de volume (Manual do Fluent, 2006). Utiliza apenas um único campo de pressão para todas as fases, pelo que o campo de pressão é o mesmo, independentemente de a fase ser contínua ou dispersa. A interação entre os caudais médios das fases é modelada através do termo de interação, que inclui uma força de arrasto e um efeito de massa virtual, quando existe aceleração da fase secundária em relação à primária e forças de elevação adicionais. Este modelo é adequado para modelar escoamentos multifásicos envolvendo escoamentos gás-líquido ou líquido-líquido. A abordagem Euleriana-Euleriana considera tanto as fases contínuas como as dispersas numa representação Euleriana, criando a necessidade de balanços de massa e momento para cada fase (Bertola *et al.*, 2003). Por exemplo, gotículas ou bolhas na fase secundária são dispersas na fase primária ou contínua. As fases misturam-se ou separam-se e a fração de volume da fase secundária pode variar entre zero e 100%. As aplicações práticas do modelo Euleriano-Euleriano incluem evaporação, caldeiras de aeração e separadores, mas são inadequadas para modelar situações em que uma descrição precisa da fronteira da interface é importante, como em fluxos estratificados de superfície livre. Nos PBRs de coluna de bolhas, a abordagem Euleriana-Euleriana trata a nuvem de bolhas como um meio contínuo com propriedades análogas às de um fluido (Bertola *et al.*, 2003). Mais detalhes sobre as equações governantes do modelo multifásico Euleriano-Euleriano podem ser facilmente encontrados na literatura (Yoo *et al.*, 2009, 2008; Santos, 2007; Szafran e Kmiec, 2004; Krishna *et al.*, 2000).

2.6.2.2. *Volume de fluido (VOF)*

Especialmente em colunas de bolhas PBRs, VOF é uma das técnicas mais conhecidas. Muitos estudos previram o comportamento dinâmico de uma única bolha utilizando outras abordagens, mas não conseguem modelar com precisão o comportamento de um enxame de bolhas ou de uma cadeia contínua numa coluna de bolhas onde

VOF pode (Akhtar *et al.*, 2007). Além disso, a interação bolha-bolha e o nível mais elevado de turbulência , que se torna mais importante com uma cadeia contínua de bolhas, em que os modelos de forças interfásicas baseados em estudos de uma única bolha não fornecem bons resultados (Akhtar *et al.*, 2007). O VOF foi concebido para registar a posição da interface entre dois ou mais fluidos imiscíveis. Este método demonstrou ser mais flexível e eficiente do que outros métodos para o tratamento de configurações complicadas de fronteira livre, especialmente para o seguimento de volumes em que o movimento de todas as fases é modelado através da resolução de um único conjunto de equações de transporte com condições de fronteira de salto adequadas na interface (Delnoij *et al.*, 1997; Krishna *et al.*, 1999; Hirt e Nichols, 1981). A abordagem VOF, que é utilizada para simular o movimento das bolhas, baseia-se nas equações de Navier-Stokes que são dadas para as fases da mistura. A equação da continuidade, bem como a equação do momento único, são resolvidas em todo o domínio e partilhadas por todas as fases (Manual do Fluent, 2006). O rastreamento é realizado através da resolução de uma equação de continuidade de fase, com mudanças abruptas na fração de volume resultante indicando a localização da interface. Uma equação de momento do fluido da mistura é resolvida usando as propriedades do material da mistura, de modo que as propriedades do material do fluido da mistura mostrem um salto através da interface. As equações de turbulência e energia também são resolvidas para o fluido de mistura. A tensão superficial, as misturas de espécies e os efeitos de adesão à parede podem ser tidos em conta, e as fases podem ser compressíveis. Especialmente numa coluna de fluido, a técnica de simulação VOF pode ser uma ferramenta poderosa para estudar a velocidade de subida de bolhas de ar individuais, bem como a interação em linha de pares de bolhas esféricas (Akhtar *et al.*, 2007; Krishna e Baten, 2001). Outras vantagens dos métodos VOF são o facto de a rutura e a coalescência das bolhas serem tratadas implicitamente (Lorstad e Fuchs, 2004). O único inconveniente do VOF é a chamada coalescência artificial (ou numérica) das bolhas de gás, que ocorre quando as suas distâncias mútuas são inferiores ao tamanho da célula computacional. Este facto também torna a abordagem intensiva em memória para a simulação de escoamentos multifásicos dispersos em equipamentos de grandes dimensões (Ranade, 2002). Informações mais detalhadas sobre o modelo VOF podem ser encontradas em Yoo *et al.* (2009) e Krishna e Baten (2001).

2.6.2.3. *Lagrangiano-Euleriano*

Na abordagem Euleriana-Euleriana, tanto o fluido/gás como as partículas são tratados como contínuo e as equações do contínuo são resolvidas para ambas as fases com uma interação apropriada. Na abordagem

Na abordagem Lagrangiana-Euleriana, o fluido/gás é também tratado como contínuo, mas a fase particulada é tratada como partículas individuais, sendo as trajectórias das partículas, representando um fluxo de partículas, calculadas como resultado das forças que actuam sobre elas. Na primeira etapa, o campo de fluxo é calculado a partir das equações de equilíbrio da dispersão gás-líquido quase homogénea, em que a densidade média varia com a retenção local de gás. Na segunda etapa, a retenção local de gás é determinada pelo rastreio de todas as bolhas individuais do sistema no campo de escoamento real e ambas as etapas são repetidas até se obter a convergência. De acordo com Joshi (2001), o uso da formulação Lagrangiana-Euleriana especialmente para PBRs de coluna de bolhas oferece algumas vantagens, uma vez que cada bolha individual é modelada para seu fluxo através da coluna. Isto permite o acesso às caraterísticas dinâmicas das bolhas, incluindo a sua trajetória, e uma consideração direta dos efeitos adicionais relacionados com a interação bolha-bolha e bolha-líquido (Akhtar *et al.*, 2007). A transferência de massa sem e a reação química, a coalescência de bolhas e a redispersão podem ser adicionadas diretamente ao modelo. Uma segunda vantagem é que não há difusão numérica introduzida na fase dispersa, uma vez que o traço da bolha pode ser calculado com precisão dentro de um determinado elemento de volume (Joshi, 2001). No entanto, nesta abordagem, assume-se que as bolhas de gás são esféricas, o que limita a sua aplicação a colunas de bolhas com pequenas bolhas no regime homogéneo (Akhtar *et al.*, 2007). No regime heterogéneo, a consideração de bolhas grandes e deformáveis torna-se importante para simular diferentes aspectos das bolhas grandes, tais como a rutura e a coalescência das bolhas (Li *et al.*, 2000). A abordagem Lagrangiana-Euleriana é mais realista, mas o rastreio de um número suficiente de partículas, necessário para uma modelação exacta, exige uma elevada memória e velocidade de cálculo (Delnoij *et al.*, 1997). Além disso, o movimento das bolhas devido à dispersão turbulenta torna a formulação Lagrangiana-Euleriana mais intensiva em termos de computação (Joshi, 2001).

2.6.2.4. *Modelo de fase discreta (DPM)*

A aplicação da DPM aos sistemas em investigação pressupõe que a fração volumétrica da fase discreta é pequena e modela as partículas como um ponto de massa com um volume negligenciável associado, em comparação com a fase contínua, que requer nominalmente uma fração volumétrica de partículas inferior a 12 %. Na DPM, as partículas individuais são injectadas numa fase contínua em que o próprio sistema tem entradas e saídas bem definidas. As partículas são apenas aceleradas por forças baseadas na interação com a fase contínua, tais como a flutuação e o arrastamento. A trajetória das partículas, que podem ser entendidas como bolhas, gotículas, pequenas estruturas sólidas, etc., pode ser associada aos efeitos do escoamento, considerando as flutuações instantâneas ou médias da velocidade da fase contínua. Além disso, as partículas não exercem qualquer influência sobre a geração ou dissipação na fase contínua.

O DPM foi implementado por Pereira *et al.*, 2010 numa investigação de escoamento anular. O seu estudo centrou-se no domínio dos escoamentos de fluidos viscoplásticos em espaços anulares, com base na análise dos perfis de perda de carga, comprimento de entrada, velocidades axiais e tangenciais, e na previsão da trajetória do escoamento. Assim, estas variáveis são geralmente consideradas relevantes para a compreensão do fluxo de lama de perfuração de poços e das partículas por ele transportadas. Os seus resultados, especificamente os perfis de velocidade, permitiram uma melhor compreensão das condições de escoamento, possibilitando a identificação de fluxos preferencialmente axiais, tangenciais ou mistos. As avaliações realizadas ajudam a esclarecer melhor o campo de fluxo, expandindo a aplicação de perfis de velocidade para o arrastamento de partículas suspensas através do espaço anular. Wu *et al.* (2011) tentaram aprimorar ainda mais a aplicação do DPM em um leito fluidizado gassólido, propondo um método de acoplamento aprimorado para garantir a conservação de massa. Ao impor o balanço de massa para a fase contínua em tais algoritmos usando os solucionadores de fluxo de fase única, qualquer heterogeneidade no campo de concentração de partículas (causada pelo agrupamento de partículas) cria termos de fonte não nulos. O seu estudo demonstrou que, se a aplicação do balanço de massa não for tratada corretamente, pode criar grandes erros numéricos, até 10%, e qualquer oscilação no campo de escoamento manifesta-se num erro semelhante na conservação da massa. Assim, ao utilizar a forma conservativa das equações na formulação integral, o acoplamento entre os modelos DPM e CFD assegura a conservação da massa à escala global em todo o domínio, mesmo na presença de heterogeneidades locais no campo de escoamento. O método também oferece uma implementação consistente de fronteiras de fluxo de massa na entrada. Os resultados numéricos também mostraram a superioridade do novo método de acoplamento em relação ao seu estudo anterior na conservação da massa e no tratamento de processos de transporte em leitos fluidizados.

Uma investigação minuciosa foi conduzida por Seo *et al.*, em 2012, onde os modelos multifásicos foram considerados para simular o fluxo de fluido do meio de cultura formado pelo movimento de bolhas de CO_2. As caraterísticas teóricas de cada modelo multifásico foram analisadas, e os modelos foram simulados usando uma estrutura bidimensional simples de 1 m x 1 m de PBR. Metade do PBR, usando um único injetor de bolhas com 0,1 m de diâmetro no centro da superfície inferior, foi preenchido com meio de cultura e a outra metade foi preenchida com ar. Os contornos calculados da fase de ar após 30 s do início da injeção de bolhas a 0,3 m s^{-1}, de acordo com modelos multifásicos, foram apresentados na **Fig. 2-4.** Assim, os seus resultados mostraram que o modelo VOF era adequado entre os modelos multifásicos suportados pelo FLUENT®. O modelo VOF também foi utilizado em investigações semelhantes efectuadas por Li *et al.* (2000), Akhtar *et al* (2007), etc. No entanto, tais resultados não podem ser conclusivos, especialmente na simulação de PBRs de coluna de bolhas, considerando algumas razões, tais como 1) Os modelos de simulação CFD foram realizados numa estrutura muito simples de 1 m x

1 m, o que não é o caso real em PBRs; 2) A simulação foi feita em 2D, onde tem algumas limitações, especialmente nos modelos de turbulência. Por exemplo, numa investigação realizada por Irani e Khodagholi (2011), foi demonstrado que um modelo turbulento 2D não é capaz de reproduzir as caraterísticas dinâmicas do escoamento numa coluna de bolhas, devido ao facto de as paredes da coluna amortecerem a intensidade da turbulência, o que resulta numa diminuição da viscosidade efectiva no interior do reator. Os seus resultados obtidos com a versão 3D do modelo de turbulência k-ε são, pelo contrário, surpreendentemente bons do ponto de vista qualitativo e concordam quantitativamente de forma aceitável com os seus resultados experimentais.

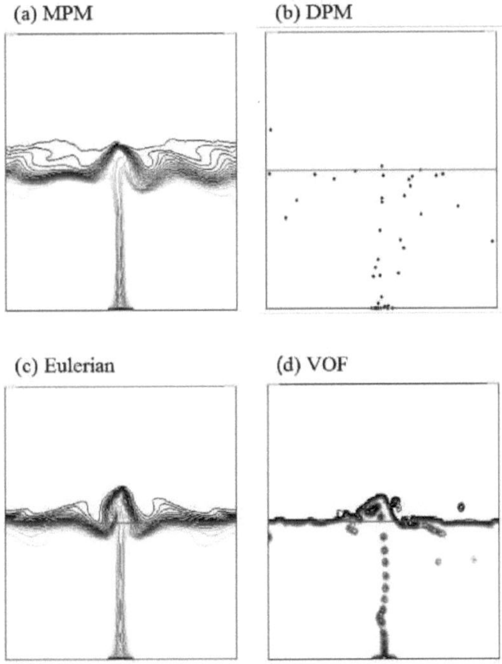

Fig. 2-4 Contornos calculados por CFD da fase de ar após 30 s do início da injeção de bolhas a 0,3 m s^{-1} de acordo com modelos multifásicos. Fonte: Seo *et al.* (2012)

2.6.3. Questões numéricas relativas a diferentes representações de modelos multifásicos/turbulência

No processo de simulação, a maior parte dos sistemas de escoamento reativo multifásico continua a ser um desafio, tanto em termos de técnica numérica como de compreensão física das interações multifásicas. No entanto, foram feitos alguns progressos nos sistemas multifásicos de escoamento a frio e em alguns sistemas de escoamento reativo através da modelação CFD (Jiang *et al.*, 2002). Embora as ferramentas para aplicar a CFD ao escoamento monofásico já estejam amplamente disponíveis, a aplicação da CFD multifásica ainda é complicada devido à dificuldade em descrever a variedade de interações nestes sistemas (Zhang *et al.*, 2004). Por exemplo, não existe atualmente um acordo sobre a equação governante e o modelo de fecho. Além disso, os modelos constitutivos propostos para a transferência de momento entre fases são correlações parcialmente empíricas (van
Wachem *et al.*, 2001).

Joshi (2001) discutiu algumas caraterísticas importantes de um fluxo multifásico que é a existência de uma interface que separa as fases e as descontinuidades associadas de propriedades através da interface de fase. Os vários mecanismos de transferência entre fases e entre uma mistura bifásica e uma parede circundante dependem fortemente do regime de fluxo bifásico. Os escoamentos bifásicos são geralmente classificados em três regimes de escoamento - escoamentos separados, escoamentos de transição e escoamentos dispersos. Os fenómenos de transporte em escoamentos de fase dispersa dependem da dinâmica colectiva das bolhas que interagem entre si e com a fase contínua circundante.

Em termos de modelos de turbulência, nem sempre é claro na literatura porque alguns investigadores anteriores conseguiram obter uma boa previsão da retenção de gás e do perfil de velocidade do líquido utilizando o modelo k-ε disperso a uma fração de vazio elevada (Gimbun, 2009). A maioria dos estudos foi considerada fiável, uma vez que foram obtidas concordâncias razoáveis com os dados experimentais. No entanto, este facto, por si só, não será suficiente para justificar um determinado cálculo de grelha única, especialmente se estiverem envolvidos parâmetros ajustáveis (Celik, 1993). Num estudo realizado por Chen *et al.* (2005), foi demonstrada uma técnica em que o tamanho da bolha de entrada pode ser ajustado para obter um melhor ajuste aos dados experimentais. No entanto, de acordo com Gibun (2009), esta não é uma solução aceitável porque um bom modelo deve ser capaz de prever o campo de escoamento bifásico sem qualquer afinação, tornando-se assim totalmente preditivo.

2.6.4. Modelação CFD de PBRs

A técnica CFD considera automaticamente a geometria da coluna e os efeitos de escala (Baten *et al.*, 2003). No entanto, o sucesso da estratégia de simulação CFD depende da modelação adequada dos coeficientes de troca de momento e de arrasto entre as fases gasosa e líquida. Embora o sistema ar água tenha várias correlações de arrasto, não existem diretrizes gerais para estimar o coeficiente de arrasto para sistemas que não sejam ar-água (Krishna e Baten, 2002). Foram efectuados numerosos estudos CFD noutros locais para diferentes tipos de PBR. O foco específico e algumas recomendações para os projectos de PBR e para a melhoria do modelo CFD são

aqui apresentados. As listas resumidas destes estudos já foram apresentadas nos **Quadros 2-4 e 2-5**.

A maioria dos estudos CFD investigou a hidrodinâmica de PBR do tipo coluna de bolhas utilizando o software FLUENT, um poderoso e flexível pacote de dinâmica de fluidos computacional (CFD) de uso geral.

Foi realizada a simulação de um escoamento bifásico para um reator experimental de airlift (Blazey *et al.*, 2004). Foram feitas comparações entre a velocidade vertical e a retenção de gás a partir de uma série de simulações em que a velocidade superficial do gás no riser foi variada. Em reactores de airlift, Blazey *et al.* (2004) propuseram a implementação de equações complexas de modelos múltiplos de gás/fase discreta para modelar com precisão o movimento do gás e do líquido. Para um líquido altamente viscoso, como o óleo de tellus, a retenção de gás diminuiu à medida que o diâmetro da coluna de bolhas aumentou (Krishna e Baten, 2002), indicando a forte influência do diâmetro da coluna na retenção de gás e na velocidade do enxame de bolhas. O efeito de escala torna-se mais forte à medida que as velocidades superficiais do gás aumentam. A aplicabilidade do CFD na conceção de aspersores para reactores de coluna de bolhas pouco profundos foi investigada por Ranade e Tayalia (2001). Foi simulado o escoamento gerado pelo gás através de dois espargidores diferentes numa coluna de bolhas com um rácio altura/diâmetro de 2, utilizando um modelo de dois fluidos para simular o escoamento disperso gás-líquido. O estudo alarga a aplicação da CFD à análise de diferentes concepções de aspersores.

Thakre e Joshi (1999) apresentaram uma simulação para o escoamento em reactores de coluna de bolhas, centrando-se na especificação da força de arrasto e da força de elevação radial com base nas constantes de fluxo de deriva do modelo de fluxo de deriva proposto anteriormente por Zuber e Findlay (1969). As constantes de fluxo de deriva são responsáveis pelo perfil de retenção e pela velocidade de subida das bolhas no reator. O estudo mostra claramente um perfil da velocidade de deslizamento em que os valores máximos foram determinados no centro e diminuem em direção à parede. No entanto, o valor da velocidade de deslizamento (a diferença de velocidades entre líquidos e sólidos ou gases e líquidos no fluxo vertical de misturas bifásicas através de um reator devido ao deslizamento entre as duas fases) não pode ser previsto para um sistema gás-líquido desconhecido. Foram apresentadas explicações para o aumento da velocidade de deslizamento no regime heterogéneo.

A hidrodinâmica dos reactores de airlift foi investigada por Baten *et al.* (2003), tendo os resultados experimentais e as simulações CFD sido cuidadosamente comparados. Os autores tiveram em conta as interações entre as bolhas e o líquido através de uma troca de momento, ou coeficiente de arrasto , que se baseou em correlações da literatura. As grelhas bidimensionais axissimétricas foram consideradas válidas, uma vez que os resultados das experiências e da simulação mostraram uma boa concordância. O pressuposto da axissimetria bidimensional conduziu a perfis radiais de velocidade que têm um carácter mais parabólico do que as simulações totalmente tridimensionais. Por conseguinte, o modelo CFD tem potencial para ser aplicado como ferramenta de aumento de escala.

Os dados relativos às velocidades do escoamento devem ser totalmente independentes do número de células da grelha. A escolha da disposição e da densidade da malha, especialmente na região próxima da parede, é muito importante nas simulações numéricas (Rampure *et al.*, 2007; Szafran e Kmiec, 2004). Um projeto de malha estruturada e não estruturada realizado por Szafran e Kmiec (2002) num reator Jet-loop foi simetricamente concebido para reduzir os tempos de cálculo e os recursos de sistema necessários. A primeira malha é totalmente estruturada com células quadrilaterais no núcleo e na região próxima da parede, enquanto a segunda malha é não estruturada, composta por células triangulares na região do núcleo e células quadrilaterais na região próxima da parede. O resultado da simulação mostrou que a malha não estruturada reduz as discrepâncias no eixo de simetria causadas pelo solucionador axissimétrico e é mais exacta. Rampure *et al.* (2007) e Blazey *et al.* (2004) utilizaram uma abordagem semelhante para a conceção de uma grelha não estruturada numa coluna de bolhas cilíndrica e num reator de transporte aéreo, respetivamente. Era também muito importante captar os gradientes junto à parede, onde se espera que o escoamento seja paralelo à parede cilíndrica. Para considerar a referida condição, foram utilizadas grelhas do tipo "O" junto à parede e, para minimizar a assimetria, foram criadas células computacionais hexaédricas. Rampure *et al.* (2007) também investigaram a influência do número de células computacionais (9000-52000) (**Fig. 2-5**). A investigação revelou que o perfil radial do aprisionamento local de gás com 9000 células previa um perfil horizontal, ao passo que, para uma resolução de grelha mais elevada, foram obtidos perfis parabólicos, mostrando uma boa concordância com os dados experimentais. Em termos de velocidade axial média do líquido no tempo, a utilização de 9000 células foi inferior à obtida com um maior número de células computacionais e dados experimentais.

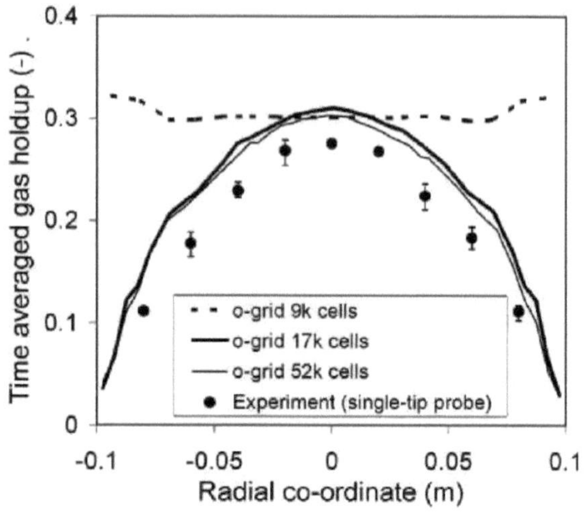

Fig. 2-5 Efeito do tamanho da grade no tempo médio de retenção de gás e velocidade axial do líquido em Ug = 0,10 ms [1] prevista a uma altura de 0,65 m. Fonte: Rampure *et al.* (2007)

Até à data, apenas alguns trabalhos tentaram simular um sistema multi-fluido (trifásico). Na primeira tentativa de simular um sistema trifásico, Krishna *et al.* (2000) simularam um modelo trifásico num reator de coluna de bolhas como líquido, bolhas "pequenas" e bolhas "grandes" através de uma descrição Euleriana - Euleriana (**Fig. 2-6**). As interações entre as duas populações de bolhas e o líquido foram analisadas em termos de troca de momento, ou coeficientes de arrastamento, que diferiam para as bolhas pequenas e grandes. No entanto, o estudo é limitado, uma vez que a interação entre as fases de bolhas grandes e pequenas foi ignorada. Um bom contacto entre fases em reactores multifásicos é essencial para promover o transporte de espécies e energia entre fases (Sundaresan, 2000). A forte influência da escala na hidrodinâmica dentro da coluna de bolhas foi enfatizada, salientando a necessidade de mais investigações em conjunto com a distribuição de luz dentro do reator.

Para além disso, os resultados do estudo de Szafran e Kmiec (2004) contestaram os resultados de Krishna *et al.* (2000) ao encontrarem um erro computacional significativo no eixo de simetria no solucionador de dois eixos simétricos. No entanto, o erro pode ser reduzido para valores aceitáveis se for utilizada uma malha não estruturada em vez de uma malha estruturada. Os erros de previsão do rácio da taxa de circulação da água para um sistema gás-líquido deram um cálculo de engenharia aceitável de cerca de 4% para o sistema de duas fases e de cerca de 15% para o sistema de três fases. Para além disso, as simulações realizadas por Szafran e Kmiec (2004) não previram com precisão a retenção de gás que foi abordada por Michele e Hempel (2002) através de uma medição detalhada das retenções locais de fases dispersas numa coluna de bolhas de tamanho piloto, operada a altas velocidades superficiais de gás e retenções sólidas. Este estudo considerou a influência da velocidade superficial do gás, da carga sólida e da geometria do aspersor nas velocidades de fluxo de líquido medidas e calculadas e nas distribuições de retenção. Os cálculos CFD efectuados por Michele e Hempel (2002) são muito significativos, uma vez que provaram a importância de modelar corretamente as interações diretas das fases dispersas de gás e sólido num escoamento trifásico.

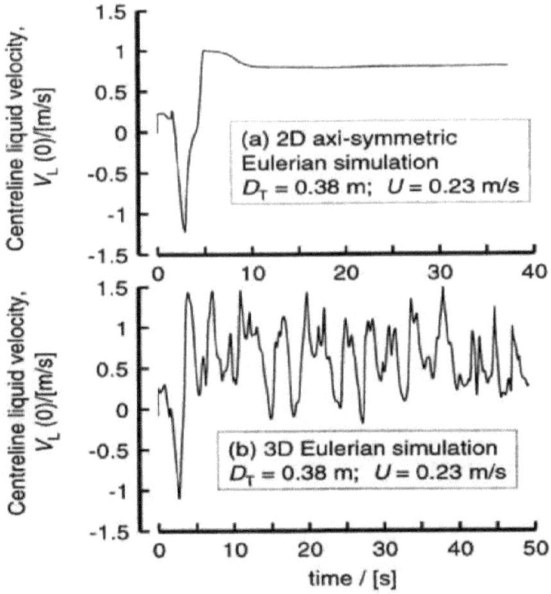

Fig. 2-6 Simulações Euleriana-Eulerian CFD 2D e 3D de uma coluna de 0,38 m de diâmetro com sistema ar-água operando a uma velocidade superficial do gás de 0,23 m s^{-1}. Obviamente, a simulação 3D mostrou um comportamento caótico (U: velocidade superficial do gás, m s^{-1}; DT: diâmetro da coluna, m). Fonte: Krishna *et al.* (2000)

2.6.5. Foco específico dos estudos CFD no PBR

2.6.5.1. Estudos de mistura

Perner-Nochta e Posten (2007) investigaram um PBR tubular em que são utilizados misturadores estáticos para uma mistura eficiente de líquido e também de gases com líquido. No entanto, a escolha do autor de utilizar o modelo de turbulência *k-ε* apenas aproximou o real e negligenciou os remoinhos do escoamento, que poderiam ser resolvidos de forma realista utilizando CFD mais complexos, como as simulações de grandes remoinhos ou mesmo a simulação numérica direta. Os autores também negligenciaram o papel das bolhas no processo de mistura porque simularam apenas um fluxo monofásico. Se o tamanho das bolhas for considerado, assume-se corretamente que as bolhas pequenas são bem transportadas com o fluxo principal, enquanto as bolhas maiores causam turbulência adicional atrás delas. Uma investigação numérica da hidrodinâmica e das condições de mistura num PBR, centrada na influência da geometria do PBR no crescimento de microalgas, foi efectuada por Pruvost *et al.* (2006). Foi concebido um PBR em forma de toro para permitir o controlo da luz, proporcionando simultaneamente uma mistura eficiente através de um impulsor, particularmente ao longo do gradiente de luz da cultura. Foi observado um elevado grau de mistura, mostrando o potencial desta geometria inovadora para o cultivo de microrganismos fotossintéticos e para a conceção de processos à escala laboratorial para a realização de experiências de modelação em condições bem controladas de luz e fluxo. Pramparo *et al.* (2008) investigaram ainda mais o PBR em forma de toro, concentrando-se apenas numa secção quadrada e utilizando condições descontínuas e contínuas. Verificou-se que o tempo de mistura era independente do número de Reynolds quando a velocidade de rotação do impulsor era superior a 1200 rpm ($Re > 5800$). Assim, foi possível obter um regime totalmente turbulento no PBR a partir dos valores do número de Reynolds para $N = 1200$ rpm. No entanto, o PBR em forma de toro é menos atrativo para o aumento de escala porque a sua geometria limita o volume de produção após o aumento de escala.

A hidrodinâmica dos reactores de coluna de bolhas a alta velocidade do gás foi discutida exaustivamente por Rampure *et al.* (2007), comparando simulações CFD com experiências reais.

Foram retiradas conclusões importantes, tais como a abordagem de "múltiplos instantâneos", que permite poupanças significativas em recursos de computação sem comprometer a precisão do modelo, especialmente quando se simula o tempo de mistura. A abordagem de múltiplos instantâneos armazena os campos de escoamento após intervalos de tempo específicos. Esses instantâneos de campos de fluxo armazenados são utilizados para resolver apenas a equação da fração mássica do traçador para os instantâneos do intervalo. No início de cada novo intervalo, a distribuição da concentração do traçador dentro da coluna é armazenada e utilizada para uma solução posterior utilizando o próximo instantâneo do campo de fluxo. Ekambara *et al.* (2005) também previram os padrões de fluxo em reactores de coluna de bolhas utilizando o modelo de turbulência k-ε para modelos unidimensionais (1D), bidimensionais (2D) e tridimensionais (3D). Todas as simulações mostraram uma boa concordância com os dados experimentais para os perfis de retenção de gás axial e fracionário, exceto para a difusividade de Foucault, para a qual apenas as previsões 3D concordaram com os dados experimentais. Para o coeficiente de dispersão axial, que caracteriza a eficiência da mistura, apenas o modelo 3D apresentou uma excelente concordância com os valores experimentais. Os autores argumentaram que as correntes de convecção se tornaram restritas para os modelos 1D e 2D, e que a distribuição do tempo de residência (RTD) se tornou correspondentemente mais estreita, resultando assim em valores mais baixos para o coeficiente de dispersão. A RTD é uma função de distribuição de probabilidade que descreve a quantidade de tempo que um elemento de fluido pode passar no interior de um reator e que é utilizada para caraterizar as condições de mistura e de fluxo no interior de um reator.

2.6.5.2. Estudos de simulação luminosa

Apesar de vários estudos de simulação em reactores de coluna de bolhas, a análise da penetração da luz em PBRs tem sido limitada, embora a disponibilidade de luz no PBR seja o fator mais importante que controla o crescimento das algas. **A Fig. 2-7** mostra um diagrama esquemático do decaimento exponencial da iluminância num PBR iluminado externamente. De acordo com Merchuk e Wu (2003), o PBR é dividido em três zonas com diferentes taxas de crescimento em cada zona. A primeira zona se estende da parede iluminada até o ponto em que a entrada de energia luminosa apenas equilibra a energia necessária para o crescimento na taxa máxima (I1). A segunda zona termina no ponto em que o consumo de energia luminosa apenas equilibra a energia necessária para a manutenção (I2), e a terceira zona é onde o crescimento é negativo devido à disponibilidade limitada de luz. No entanto, a apresentação esquemática torna-se mais complicada se for considerada a fotoinibição, uma vez que esta pode levar a uma diminuição da taxa de crescimento na primeira zona, perto da fonte de luz (linha a tracejado) (Merchuk e Wu 2003). No entanto, a modelação da luz no interior do PBR não necessita de um algoritmo complexo, podendo ser implementada uma codificação simples definida pelo utilizador (UDF). Além disso, a estimativa da intensidade da luz nos PBRs também pode ser efectuada durante o pós-processamento dos dados que podem ser obtidos após a simulação.

Perner-Nochta e Posten (2007) efectuaram simulações da variação da intensidade da luz em PBRs. Esta investigação centrou-se nos aspectos temporais e espaciais dos padrões de luz que podem afetar a reação fotossintética. As trajectórias das partículas que representam o caminho das células das algas foram analisadas para obter as flutuações da luz numa única célula. As simulações mostraram o potencial da revisão do fluxo radial num PBR tubular utilizando um misturador estático, e a utilidade do CFD e da análise de trajectórias para redução e aumento de escala. A distribuição da radiação em um novo PBR de coluna de bolhas de catalisador imobilizado com iluminação externa foi analisada por Trujillio *et al.* (2007). Os resultados indicaram que o borbulhamento de gás aumenta consideravelmente a radiação incidente na mistura gás-líquido, aumentando o fluxo radiativo e a radiação absorvida numa placa revestida de titânia. Os resultados do CFD abriram caminho para a otimização de um reator fotocatalítico solar para a degradação de poluentes orgânicos. Perner *et al.* (2003) optimizaram numericamente um PBR de placa, no qual a melhoria da geometria do reator e da placa foi realizada com base na redução da perda de pressão (redução de 70%), bem como na capacidade de entrada de luz do reator. O estudo também salientou fortemente que a geometria do fluxo pode reduzir a deposição e afetar zonas insuficientemente misturadas. A investigação mostrou que os tubos curvos com grande raio de curvatura e área transversal circular são preferíveis aos canais rectangulares.

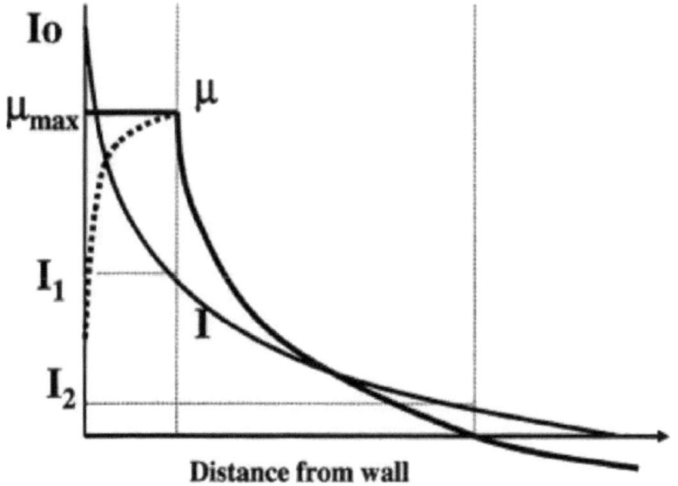

Fig. 2-7 Iluminação e crescimento local em função da distância à parede iluminada (I: Iluminância, ou densidade de fluxo de fotões, μE m^{2} s'; I_o: intensidade luminosa à superfície, μE m^{2} s'; I_1: Iluminância que equilibra a energia necessária para o crescimento à taxa máxima, μE m^{2} s'; I_2: Iluminância que equilibra a energia necessária para a manutenção, μ E m^{2} s': μ: Taxa de crescimento específico, h^{1}). Fonte: Merchuk e Wu (2003)

2.6.5.3. Estudos de modelação das espécies

Foi investigado o modelo Euleriano-Euleriano numa simulação da fase gás-líquido-sólido de uma coluna de bolhas operando no regime turbulento e centrado no aumento de escala (Krishna *et al.*, 2000). Foram comparados dois tipos de abordagens: (a) um modelo de simulação assumindo axi-simetria e (b) um modelo tridimensional completo para as colunas cilíndricas. Os resultados da simulação de Krishna *et al.*, (2000) mostraram que ocorre um comportamento caótico na simulação tridimensional (**Fig. 2-8**). As simulações bidimensionais, assumindo a simetria axi, foram consideradas suficientemente exactas para estimar as retenções médias de gás na dispersão e as velocidades do líquido em circulação.

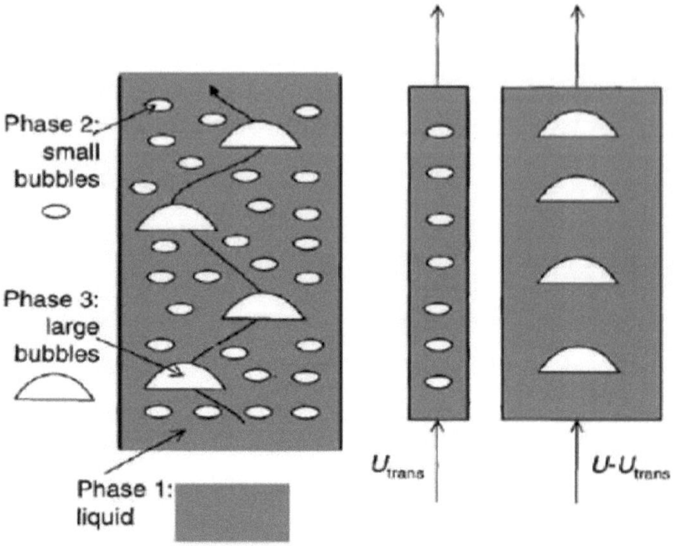

Fig. 2-8 Modelo trifásico para coluna de bolhas operando no regime turbulento de agitação. No regime de escoamento turbulento, assumiu-se que existem duas classes distintas de bolhas, bolhas "pequenas" e "grandes" (U: velocidade superficial do gás, m s^{-1}; U_{trans}: velocidade superficial do gás no ponto de transição de regime ar-água, m s^{-1}). Fonte: Krishna *et al.* (2000)

Bertola *et al.*, (2003) analisaram a capacidade de diferentes modelos baseados na abordagem Euleriana-Euleriana para prever sistemas gás-líquido que operam em diferentes condições. O seu estudo centrou-se em para descrever tanto o movimento dependente do tempo da pluma de bolhas como o padrão de fluxo médio no tempo na coluna de bolhas PBR. Os autores efectuaram simulações em 2D para comparar *o comprimento de mistura de Prandtl* e os fechos *k-ε*. No entanto, ambos os modelos não conseguiram captar a condição instável dos sistemas devido ao elevado valor da viscosidade turbulenta previsto em sistemas pequenos.

Akhtar *et al.* (2007) e Li *et al.* (2002) exploraram a abordagem VOF para investigar a hidrodinâmica de uma bolha em cadeia contínua que sobe através de um líquido e uma bolha que sobe num meio líquido a alta pressão, respetivamente. A primeira investigação estudou o efeito dos parâmetros de funcionamento e de conceção na distribuição do tamanho das bolhas e na trajetória de subida das bolhas num sistema ar-água, enquanto a segunda se centrou na simulação do comportamento de subida de uma única bolha a pressões elevadas numa coluna de bolhas. Os resultados da simulação de Akhtar *et al.* (2007) indicaram a formação de bolhas a uma baixa velocidade superficial do gás e bolhas relativamente grandes a velocidades mais elevadas (**Fig. 2-9**). O aumento do tamanho do orifício do distribuidor mostrou um comportamento semelhante. A análise das trajectórias das bolhas para diferentes velocidades superficiais e distribuidores demonstrou que as pequenas bolhas formadas a baixa velocidade superficial do gás apresentavam um comportamento oscilatório. Estas conclusões apoiam os resultados da simulação de Li *et al.* (2000), em que se verificou que a pressão afectava o tamanho das bolhas (**Fig. 2-10**). Os resultados da simulação indicaram que, à medida que a pressão aumenta, o tamanho máximo estável das bolhas diminui. Ambos os estudos de simulação foram cuidadosamente verificados por resultados experimentais.

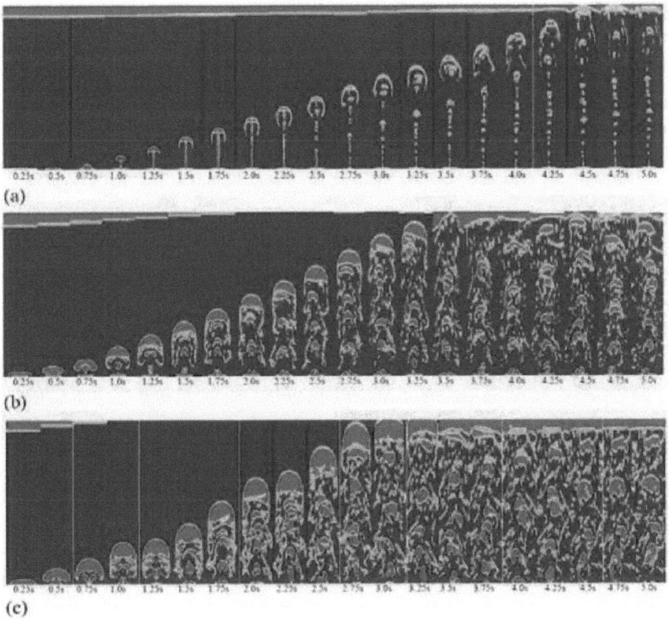

Fig. 2-9 Efeito bidimensional da velocidade superficial do gás na distribuição do tamanho das bolhas. Simulação com o método VOF (largura da coluna: 20 cm; H: 100 cm, tamanho do orifício: 10 cm). (a) U_g: 1 cm s^{-1}; (b) U_g: 5 cm s^{-1}; (c) U_g: 10 cm s^{-1}).

Fonte: Akhtar *et al.* (2007).

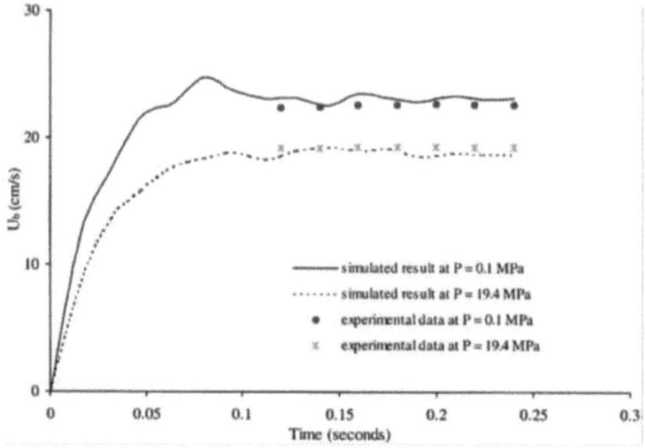

Fig. 2-10 Comparações das velocidades de subida simuladas e experimentais sob diferentes pressões (U_b: é a velocidade de subida da bolha, cm s^{-1}). Fonte: Li *et al.* (2000)

2.6.6. Desafios na conceção do PBR

A conceção de PBRs continua a ser um grande desafio e estão a ser realizados importantes trabalhos de investigação neste domínio. No entanto, até à data, são ainda limitados os PBRs que se destinam à produção em massa de microalgas. Os factores mais importantes que devem ser fortemente considerados na conceção, como a penetração e distribuição da luz, a mistura e a distribuição do gás no interior dos PBR, estão estreitamente inter-relacionados, o que torna a conceção mais complexa. A penetração e a distribuição da luz no interior do PBR são afectadas pelas caraterísticas da mistura, que são igualmente influenciadas pelo método de injeção de gás.

2.6.6.1. Projeto CFD para distribuição da luz

Um dos principais desafios na conceção e construção de PRRs é proporcionar uma elevada relação entre a superfície iluminada e o volume. Para atingir uma elevada produtividade, o volume das partes não iluminadas do reator deve ser minimizado e, para garantir uma elevada eficiência de utilização da luz pela cultura, a conceção deve prever a iluminação uniforme da superfície da cultura e a rápida transferência de massa de CO_2 e O_2. Nos PBRs, ocorrem frequentemente condições de fluxo turbulento e gradientes de luz. Assim, as células de algas cultivadas em tais reactores sofrem flutuações na intensidade da luz (Perner-Nochta e Posten, 2007), que é influenciada pelas caraterísticas de mistura no interior do PBR (Seo *et al.*, 2010). Por conseguinte, a discussão sobre a influência da mistura na distribuição da luz também é apresentada aqui.

Perner-Nochta e Posten (2007) apresentaram um exemplo de um fotobiorreactor tubular em que são utilizados misturadores estáticos para a mistura eficiente de líquido e também de gases com líquido. Eles demonstraram que elementos misturadores helicoidais sem movimento melhoram o fluxo tubular radial, aumentando a frequência e a regularidade do movimento, garantindo a distribuição de luz para as células dentro do PBR. Su *et al.* (2010) tentaram utilizar uma estrutura desestabilizadora aplicada num PBR de placa plana e o campo de fluxo e a trajetória das partículas foram simulados para otimizar os parâmetros estruturais do PBR. Os resultados mostraram que a velocidade vertical ao longo do caminho da luz foi produzida na condição de desestabilização, o que ajuda a alcançar a mistura homogénea do meio necessário para o crescimento de microalgas. O fluido no campo de fluxo ondulou regularmente, o que fez com que a célula de algas fosse transmitida entre a área clara e escura dentro do PBRR e aumentasse a eficiência da fotossíntese. Esta estrutura desestabilizadora tinha um grande potencial para ser utilizada no projeto do PBR.

2.6.6.2. Projeto CFD para distribuição de gás

A introdução de gás CO_2 através de bolhas no fundo dos PBRs tem sido o método comum para a distribuição de gás. As bolhas ascendentes têm um papel importante na mistura de líquidos e na transferência de massa (Akhtar *et al.*, 2007). Foram feitos grandes progressos na modelação da hidrodinâmica do escoamento borbulhante, especialmente em colunas de bolhas (Lain *et al.*, 2001) e em PBRs de transporte aéreo (Huang *et al.*, 2010). No entanto, a previsão da transferência de massa e da mistura de espécies químicas em escoamento borbulhante ainda é um grande desafio, principalmente porque as taxas de transferência interfacial num enxame de bolhas não seguem as leis de transferência interfacial válidas para bolhas isoladas em geral (Ayed *et al.*,

2007). No entanto, estes modelos são derivados de uma situação específica com formas geométricas diversificadas. É muito importante e necessário validar estes modelos e encontrar modelos que possam descrever com precisão a transferência de massa entre fases e ser utilizados numa vasta gama de condições de funcionamento, geometrias e fluidos (Huang *et al.*, 2010). As taxas de transferência de massa num bioreactor são largamente afectadas pelas propriedades do fluido, pela velocidade do líquido e do gás e pela geometria e tipo de PBR (Velarde *et al.*, 2010). A transferência de massa é frequentemente avaliada pelo coeficiente volumétrico de transferência de massa. Em termos práticos, a previsão e a otimização da transferência de massa através do coeficiente de transferência de massa procuram obter a máxima transferência de massa com um consumo mínimo de energia (Chisti, 1989).

Um estudo efectuado por Sanyal *et al.* (1999) validou uma simulação axissimétrica bidimensional transiente de uma coluna de bolhas cilíndrica à escala laboratorial, executada em condições de fluxo borbulhante e turbulento. Os resultados da simulação sugerem que podem ser utilizadas distribuições axissimétricas bidimensionais simples para obter cálculos de engenharia razoáveis para o padrão global do escoamento e para as distribuições de retenção de gás. No entanto, um modelo tridimensional totalmente transiente pode ser usado para capturar as estruturas de fluxo transiente em uma coluna de bolhas ainda é fortemente recomendado, que em geral não são axissimétricas e têm um componente azimutal significativo. Dhotre e Joshi (2007) tentaram simular o padrão de fluxo a montante e a jusante de um distribuidor e o seu efeito no desempenho de um PBR de coluna de bolhas. Propuseram alguns procedimentos para ligar a câmara de gás ao PBR de coluna de bolhas. Os resultados do seu estudo revelaram que o efeito da dimensão do bocal de entrada e a sua localização em relação ao distribuidor eram muito importantes. O padrão de fluxo dentro da câmara de gás foi analisado de forma abrangente e as velocidades através de todos os orifícios foram estimadas para avaliar a uniformidade da distribuição do gás. Verificou-se que a configuração da câmara tem um efeito sobre a uniformidade da distribuição do gás, particularmente na região do espargidor dos reactores de coluna de bolhas. Além disso, verificou-se que a uniformidade da distribuição do gás aumenta com o aumento da queda de pressão do distribuidor e com a diminuição da carga cinética de entrada do gás.

Simonnet *et al.* (2008), através de uma simulação CFD, investigaram a importância da formulação da força de arrasto para descrever as transições de regime num PBR de coluna de bolhas. Os resultados do seu estudo revelaram que a contabilização das interações bolha-bolha através do coeficiente de arrasto, que depende da fração de vazio local, permitiu prever o início das transições de regime. O seu estudo mostrou também que a utilização da correlação de arrasto permite reproduzir algumas caraterísticas típicas dos diferentes regimes (perfis de velocidade que se tornam parabólicos no regime de transição, fenómenos transitórios típicos, acumulação de grandes bolhas no centro da coluna nos regimes de transição e heterogéneo).

2.6.6.3. Oportunidades para a abordagem CFD

A CFD estabeleceu-se como uma técnica viável para a investigação e resolução de problemas de engenharia e, quando utilizada corretamente, pode fornecer resultados precisos para muitos problemas bastante complexos (Celik, 1993). Na conceção dos PBR, os princípios de engenharia relativos à distribuição da luz, à mistura, à hidrodinâmica e à distribuição dos gases já foram estabelecidos e estão disponíveis para serem utilizados no desenvolvimento de várias geometrias qualificadas para aumento de escala. O aumento de escala comercial do PBR deve ser um critério de conceção primário e deve ser sempre o objetivo principal.

Embora a relação entre a hidrodinâmica e a transferência de massa tenha sido extensivamente investigada e correlacionada em biorreactores para culturas heterotróficas, apenas existem alguns estudos sobre estes aspectos em culturas fototróficas (Ugwu, 2008). As caraterísticas hidrodinâmicas e de transferência de massa aplicáveis em fotobiorreactores incluem: o coeficiente global de transferência de massa, a mistura, a velocidade do líquido, a velocidade das bolhas de gás e a retenção de gás. O coeficiente global de transferência de massa é o parâmetro mais frequentemente utilizado para avaliar o desempenho dos fotobiorreactores, que pode ser previsto utilizando CFD. O termo é geralmente utilizado para descrever o coeficiente global de transferência de massa volumétrica em fotobiorreactores. O coeficiente volumétrico de transferência de massa dos fotobiorreactores depende de vários factores, como a taxa de agitação, o tipo de aspersor, os agentes tensioactivos/anti-espuma e a temperatura. No entanto, estes factores podem ser investigados exaustivamente utilizando a técnica CFD, que poupa muito tempo e esforço, incluindo custos, em comparação com a construção real de vários PBR para o estudo.

Em termos de modelos de turbulência, o modelo k-ε tem sido popularmente utilizado, mas deve reconhecer-se que as bolhas também podem afetar as caraterísticas do escoamento, o que pode ser contabilizado através da energia cinética turbulenta ou da inserção de um fator de turbulência adicional causado pelas bolhas. Esta teoria ainda não foi investigada, mas deve ser considerada em futuros estudos de simulação.

Os principais factores de crescimento das microalgas são mencionados na parte anterior do documento; no entanto, o crescimento das microalgas não foi tido em conta nos estudos de simulação. No entanto, o crescimento das microalgas não foi tido em conta nos estudos de simulação. Este facto pode ser explorado num futuro próximo, em que o crescimento das microalgas é modelado no interior do PBR através de modelos de equações de crescimento. Os modelos de crescimento podem ser ligados ao módulo principal do CFD através das funções definidas pelo utilizador (UDF) do software. No entanto, os modelos de equações de crescimento desenvolvidos disponíveis na literatura limitavam-se apenas a um ou dois factores de crescimento e as gamas dos factores de crescimento eram também estreitas, por exemplo, as gamas de temperatura são de 20 ~ 35 °C e a intensidade luminosa varia de 300 ~ 400 $\mu E\ m^{-2}\ s^{-1}$. Por conseguinte, deve ser desenvolvida em primeiro lugar uma equação de modelo de crescimento integrado que tenha em conta intervalos mais amplos dos principais factores de crescimento (Bitog *et al.*, 2009). A primeira tarefa deve ser cultivar as microalgas em escala laboratorial, onde o efeito dos principais factores de crescimento, bem como o seu efeito de interação, serão tidos em conta. Isto pode ser muito difícil de realizar, mas é muito importante para desenvolver uma equação de modelo de crescimento integrado. A equação também pode ser utilizada para avaliar a eficiência de vários PBRs projectados.

A validação da solução de futuros estudos CFD pode ser feita através de resultados experimentais fiáveis, desde que seja estabelecida a incerteza experimental. No entanto, deve ser claramente entendido, em primeiro lugar, que o objetivo dos estudos relacionados com a CFD é prever o resultado de um acontecimento físico para o qual não estão disponíveis dados experimentais. Embora a comunidade de CFD não disponha atualmente de um método normalizado para avaliar a incerteza numérica, os utilizadores de CFD dispõem de numerosos métodos e técnicas para realizar esta tarefa. Podem ser encontradas diretrizes sobre esta matéria em Celik (1993) e Roache *et al.* (1986).

CAPÍTULO 3

3. Objectivos gerais

O objetivo geral desta pesquisa foi investigar a hidrodinâmica do fluxo em PBRs de 30 L usando a dinâmica de fluidos computacional. Os factores hidrodinâmicos optimizados foram utilizados para analisar quais os modelos de PBR apropriados para a produção de microalgas. O foco da investigação está nos PBRs de coluna de bolhas, escolhidos devido ao seu design simples, sem partes móveis, mas com transferência adequada de calor e massa. O estudo teve como objetivo recomendar o parâmetro de funcionamento mais adequado e a configuração da estrutura interna do PBR para uma produção em massa eficiente de microalgas. Para atingir estes objectivos, foram realizados estudos com os seguintes objectivos específicos

No Capítulo 3, uma revisão CFD teve como objetivo obter uma compreensão significativa sobre as microalgas, os seus requisitos de crescimento ambiental e os recipientes de crescimento, tais como os PBRs onde as microalgas são cultivadas. A revisão também teve como objetivo realizar um levantamento exaustivo das abordagens e análises de simulação numérica na conceção de PBRs.

No Capítulo 4, o objetivo era validar o código CFD e a técnica de simulação utilizando a Velocimetria de Imagem de Partículas ou simplesmente PIV. Isto é muito importante, uma vez que a abordagem de modelação é cuidadosamente investigada e o resultado deve ser consistente com os resultados obtidos em fenómenos reais ou actuais.

A aplicação de CFD na conceção de PBRs com base na hidrodinâmica do escoamento, como as percentagens volumétricas das zonas mortas, o tempo médio de circulação e a intensidade da turbulência, foi explorada e combinada para avaliar o desempenho dos PBRs de coluna de bolhas, sendo este o objetivo específico do Capítulo 5. Foram simulados 32 casos de projectos de PBR que foram avaliados em termos da hidrodinâmica do escoamento integrado. Para obter as caraterísticas exactas do escoamento no PBR, foi realizada uma modelação de simulação elaborada utilizando a tecnologia CFD. Para determinar o tempo médio de circulação, foi efectuado o modelo DPM e foi utilizada a abordagem de rastreio de passeio aleatório discreto.

Para determinar os parâmetros operacionais apropriados nos PBRs, a taxa de fluxo de ar e o tamanho do bocal foram variados de 0,05, 0,10, 0,15 e 0,20 vvm e 5, 10, e 15 e 20 cm, respetivamente. Para a estrutura do PBR, foi considerado com e sem deflector interno. O objetivo é determinar qual o parâmetro de funcionamento e o design do PBR entre os casos de simulação do PBR é adequado para a produção de microalgas. O modelo PBR, a partir da variação das taxas de fluxo de ar, dos diâmetros dos bocais e das geometrias do PBR, resultou em 4 x 4 x 2 = 32 casos de simulação.

O objetivo do Capítulo 6, ao realizar o cultivo prático de células de microalgas nos PBRs concebidos, é confirmar finalmente os resultados da simulação obtidos no Capítulo 5. Isto também irá cimentar a conclusão retirada do capítulo anterior com a investigação hidrodinâmica dos PBRs. O cultivo prático de microalgas foi efectuado em dois conjuntos de experiências sucessivas num PBR de 30 L, em que se compararam a concentração de biomassa e a taxa de crescimento específica obtidas a partir de uma conceção típica de PBR e do PBR proposto, que foi decidido com base nos resultados obtidos no Capítulo 5. O fluxograma geral do estudo é apresentado na **Fig. 3-1**.

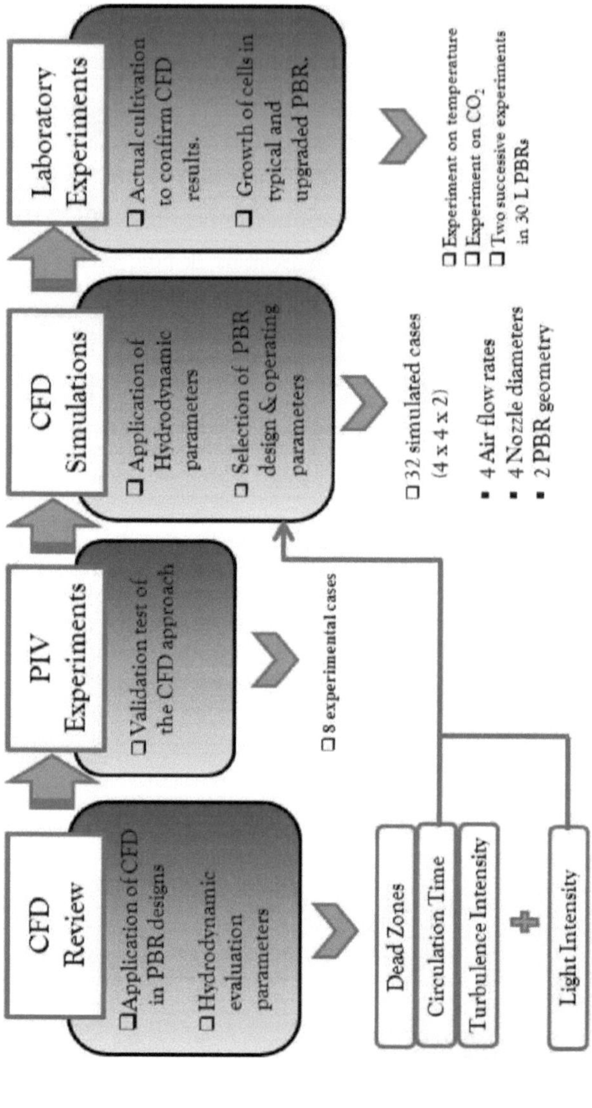
CFD Review
Application of CFD in PBR designs
Hydrodynamic evaluation parameters
Dead Zones
Circulation Time
Turbulence Intensity
Light Intensity
PIV Experiments
Validation test of the CFD approach
8 experimental cases
CFD Simulations
Application of Hydrodynamic parameters
Selection of PBR design & operating parameters
32 simulated cases (4 x 4 x 2)
4 Air flow rates
4 Nozzle diameters
2 PBR geometry
Laboratory Experiments
Actual cultivation to confirm CFD results.
Growth of cells in typical and upgraded PBR.
Experiment on temperature
Experiment on CO_2
Two successive experiments in 30 L PBRs

CAPÍTULO 4

4. Validação das simulações CFD utilizando dados de Velocimetria de Imagem de Partículas (PIV)

1.1. Introdução

O PIV é um método ótico de visualização do fluxo num sistema sob investigação. O método é utilizado na prática para obter medições instantâneas da velocidade e das propriedades relacionadas dos fluidos num sistema. O PIV funciona através da sementeira de partículas traçadoras que se presume seguirem fielmente a dinâmica do escoamento segundo o princípio do número de Stokes. As partículas são iluminadas com um laser, de modo a tornarem-se visíveis para a câmara digital especializada que capta vários fotogramas a alta velocidade. As imagens das partículas de traçador são registadas pelo menos duas vezes com um pequeno atraso de tempo. A deslocação das imagens das partículas representa o movimento do fluido. Os movimentos de fluxo das partículas são então seguidos, onde a velocidade e a direção das partículas são registadas para análise informática. **A Fig. 4-1** apresenta um diagrama esquemático de um sistema PIV.

As partículas de sementeira são um componente inerentemente crítico do sistema PIV. Dependendo do fluido sob investigação, as partículas devem ser capazes de corresponder razoavelmente bem às propriedades do fluido. Caso contrário, não seguirão o escoamento de forma suficientemente satisfatória para que a análise PIV seja considerada exacta. Embora a escolha das partículas dependa da natureza do fluido, em geral, para as investigações macro PIV, estas são esferas de vidro, poliestireno, flocos de alumínio ou gotículas de óleo (se o fluido em investigação for um gás). O índice de refração das partículas de sementeira deve ser diferente do do fluido que estão a semear, de modo a que a folha de laser incidente no fluxo do fluido reflicta as partículas na direção da câmara. As partículas têm normalmente um diâmetro da ordem dos 10 a 100 micrómetros. Quanto à dimensão, as partículas devem ser suficientemente pequenas para que o tempo de resposta das partículas ao movimento do fluido seja razoavelmente curto para seguir com precisão o fluxo, mas suficientemente grandes para dispersar uma quantidade significativa da luz laser incidente. Para algumas experiências que envolvem combustão, o tamanho das partículas de sementeira pode ser mais pequeno, da ordem de 1 micrómetro, para evitar o efeito de extinção que as partículas inertes podem ter nas chamas. Devido à pequena dimensão das partículas, o movimento das partículas é dominado pelo arrastamento de stokes e pelos efeitos de sedimentação ou ascensão. Aproximando as partículas como partículas esféricas de número de Reynolds muito baixo, então a capacidade das partículas para seguir o fluxo do fluido é diretamente proporcional à diferença de densidade entre as partículas e o fluido e diretamente proporcional ao quadrado do diâmetro das partículas. A luz dispersa pelas partículas é dominada pela dispersão de Mie, pelo que é também proporcional ao quadrado do diâmetro das partículas. Assim, o tamanho das partículas tem de ser equilibrado para dispersar luz suficiente para visualizar com precisão todas as partículas dentro do plano da folha de laser, mas suficientemente pequeno para seguir com precisão o fluxo. O mecanismo de sementeira também tem de ser concebido de forma a semear o fluxo a um nível suficiente sem perturbar demasiado o fluxo.

Para efetuar a análise PIV do fluxo, são necessárias duas exposições de luz laser na câmara a partir do fluxo. Originalmente, com a incapacidade das câmaras de captarem vários fotogramas a altas velocidades, ambas as exposições eram captadas no mesmo fotograma e este único fotograma era utilizado para determinar o fluxo. Um processo chamado autocorrelação foi utilizado para esta análise. No entanto, como resultado da autocorrelação, a direção do fluxo torna-se pouco clara, uma vez que não é claro quais os pontos de partículas que são do primeiro impulso e quais os que são do segundo impulso. Desde então, foram desenvolvidas câmaras digitais mais rápidas, utilizando chips CCD ou CMOS, que podem captar dois fotogramas a alta velocidade com uma diferença de algumas centenas de ns entre eles. Isto permitiu que cada exposição fosse isolada no seu próprio fotograma para uma análise mais exacta da correlação cruzada. A limitação das câmaras típicas é que esta velocidade rápida está limitada a um par de disparos. Isso ocorre porque cada par de fotos deve ser transferido para o computador antes que outro par de fotos possa ser tirado. As câmaras típicas só podem tirar um par de fotografias a uma velocidade muito mais lenta. Estão disponíveis câmaras CCD ou CMOS de alta velocidade, mas são muito mais caras. É possível encontrar mais pormenores sobre os princípios e procedimentos do PIV em muitos livros e literatura publicados, como Adrian e Westerweel (2010), Brossard *et al.* (2009), Schroder e Willert (2008) e Westerweel (1997).

Até à data, o PIV tem sido aplicado a uma vasta gama de problemas de escoamento, desde o escoamento sobre uma asa de avião num túnel de vento até à formação de vórtices em válvulas cardíacas protésicas. As técnicas tridimensionais têm sido utilizadas para analisar escoamentos turbulentos e jactos; por exemplo, Lehr e Bolcs (2000) utilizaram o sistema para investigar exaustivamente o escoamento periódico instável em torno de uma pá de compressor isolada. O sistema PIV foi capaz de fornecer informações instantâneas sobre o campo de escoamento. Em adição, o sistema produziu o campo de velocidade média e as quantidades de turbulência do escoamento através do tratamento estatístico dos conjuntos de dados instantâneos obtidos.

Shinji *et al.* (2006) também utilizaram o PIV para clarificar as caraterísticas das estruturas espaciais do escoamento e as pressões do vento acima do telhado de um cubo. A bolha de separação média no telhado tinha uma forma plana com curvatura gradual. Realizaram uma experiência em túnel de vento em dois tipos de camadas-limite turbulentas e o escoamento foi medido pelo sistema PIV. Foram também efectuadas medições simultâneas de pressões múltiplas na superfície. Com o PIV obtido, verificou-se que, quando a intensidade da turbulência do fluxo que se aproximava era grande, gerava-se uma forte pressão negativa local e formava-se um vórtice cónico plano no canto anterior do bordo. A estrutura espacial do escoamento era diferente da do escoamento médio no tempo. Podem ser encontrados na literatura vários trabalhos em que a aplicação de PIV foi fortemente implementada, tais como Kazunori *et al.*, (2006); Yan *et al.* (2005); Naoya *et al.* (2000); Hideki *et al.* (1999); e Lecuona *et al.* (1998).

Além disso, a utilização do PIV tem-se tornado cada vez mais significativa, especialmente em estudos de simulação em que o PIV desempenha um papel muito importante na validação do código informático utilizado na abordagem de modelação. Num estudo realizado por Medvitz *et al.*, (2009), o PIV foi utilizado para validar a sua técnica de CFD na avaliação do desempenho hidrodinâmico de um dispositivo de assistência ventricular esquerda de deslocamento positivo. O modelo computacional utiliza a resolução direta da simulação implícita de grandes turbilhões da compressão da câmara e do fecho da válvula modelado para reproduzir os resultados in vitro. Os cálculos são validados através de comparações com dados experimentais PIV. As comparações qualitativas dos padrões de fluxo, campos de velocidade e taxas de cisalhamento da parede demonstram um elevado nível de concordância entre os cálculos e as experiências. Quantitativamente, o PIV e o CFD mostram histórias de velocidade sondadas semelhantes, velocidades de jato muito próximas e taxas de deformação da parede comparáveis.

As metodologias de validação de simulações CFD foram conduzidas por Sheng *et al.*, (1998) num tanque agitado utilizado na indústria de processos químicos. A partir dos dados PIV, foram extraídos os campos da velocidade média, da energia cinética turbulenta, da tensão de Reynolds e da taxa de dissipação e, através da introdução de várias ferramentas para quantificar as semelhanças e diferenças entre os campos bidimensionais, as previsões CFD do escoamento foram validadas em relação aos dados PIV. Além disso, utilizaram os dados PIV para estabelecer as condições de fronteira no seu modelo. Um estudo semelhante foi efectuado por Shigeya *et al.* (2005), que reforçaram ainda mais a utilização do PIV como ferramenta de validação para CFD. Utilizaram exaustivamente dados experimentais PIV para investigar o código CFD, especialmente para simulações de estado instável. Por exemplo, são apresentados dois exemplos de dados PIV comparados com os dados CFD correspondentes, ou seja, vórtices de separação do bordo de ataque de uma asa em forma de flecha e um vórtice de ponta de uma asa retangular, a fim de avaliar a capacidade do PIV como instrumento de validação CFD. Como resultado, os dados pormenorizados do campo de velocidades obtidos por PIV revelam-se úteis na avaliação de diferentes modelos e algoritmos de turbulência em análises CFD. Além disso, foram discutidas questões importantes que devem ser cuidadosamente consideradas para obter resultados bem sucedidos na validação CFD utilizando PIV, tais como diferenças nas resoluções espaciais/temporais e na localização dos pontos de dados.

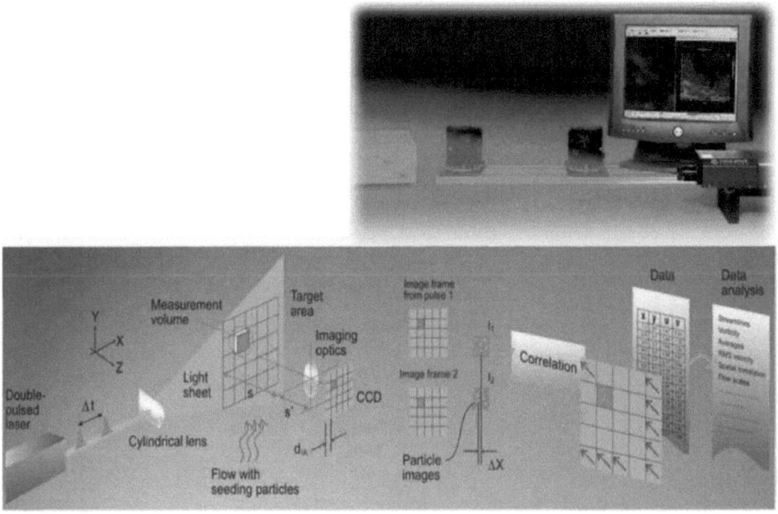

Fig. 4-1 Diagrama esquemático de um sistema PIV. Fonte: http://images.google.com/

1.2. Materiais e métodos

1.2.1. Velocimetria por imagem de partículas (PIV)

A validação é muito importante no domínio dos estudos de modelação e simulação. Por exemplo, em CFD, trata-se de estabelecer a exatidão dos códigos utilizados, de modo a criar credibilidade e confiança nos resultados e a poderem ser utilizados para tirar conclusões e tomar decisões. Geralmente, isto é feito comparando os resultados da simulação com a realidade física através da realização de experiências laboratoriais ou de campo. Neste estudo específico, a experiência PIV foi inicialmente efectuada para obter dados para comparação com os resultados da simulação para efeitos de validação.

A coluna de bolhas PBR utilizada no ensaio PIV era um tipo de conceção típica e era feita de um painel de acrílico transparente de 5 mm com um diâmetro interior de 185 mm. A altura efectiva é de 1400 mm. Por conseguinte, para uma capacidade de cultura de 30 L, o nível da água é de aproximadamente 1050 mm. Foi feito um orifício de injeção com um diâmetro de bocal de 10 mm na parte inferior central do PBR, onde o ar pode ser facilmente introduzido. O PBR foi suportado verticalmente por estruturas quadradas com rodas móveis e ajustáveis. A bomba de ar foi ligada à parte inferior do PBR através de um hospedeiro ligado ao bocal que estava diretamente ligado ao orifício de injeção. O caudal de ar foi controlado por um regulador e um medidor de caudal ligado à bomba de ar.

A validação do código CFD a ser implementado na modelação e simulação dos PBRs foi efectuada através da comparação das velocidades médias do escoamento calculadas a partir dos dados PIV e da modelação por simulação CFD. Para além da comparação visual do escoamento entre os resultados do PIV e da simulação, as magnitudes das velocidades médias calculadas foram comparadas quantitativamente. Quatro caudais de ar de 0,05, 0,10, 0,15 e 2,0 vvm, que correspondem a 0,32, 0,64, 0,95 e 1,27 m s^{-1}, respetivamente, foram testados na experiência PIV em duas regiões do PBR. Foram consideradas duas regiões, uma vez que a configuração do PIV, em termos da sua resolução durante o ensaio, está limitada a uma altura de aproximadamente 450 mm. Assim, a parte inferior do PBR foi designada como Região 1, enquanto a parte superior foi designada como Região 2. Isto totalizou 8 condições experimentais. Os dados PIV foram obtidos a partir de cada caudal definido após cerca de 5 minutos, em que se observou que o caudal era estável e que as caraterísticas do caudal no interior do PBR podiam ser consideradas como sendo apenas afectadas pelo caudal. A câmara de alta velocidade (Nikon AF Nikkor 50mm f/1.8D, Japão) foi utilizada para obter imagens a cada 0,1s em 3s, capturando assim 300 imagens em cada caso de teste. **A Fig. 4-2** apresenta o PBR atual utilizado no ensaio PIV. Também são mostradas as regiões onde as velocidades instantâneas das partículas no interior do PBR foram capturadas e consideradas na análise dos dados PIV. **A Fig. 4-3** mostra uma imagem de uma das experiências PIV que está a ser realizada. Os dados PIV obtidos foram pós-processados utilizando programas informáticos comerciais disponíveis, como o Ensight 3G e o Tecplot.

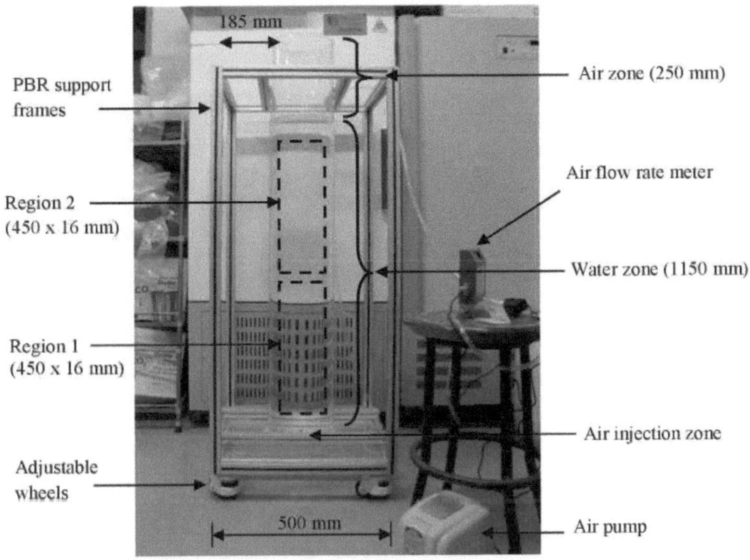

Fig. 4-2 A vista real do PBR utilizado na experiência PIV.

Fig. 4-3 Uma fotografia instantânea tirada durante a experiência PIV.

1.2.2. Dinâmica dos fluidos computacional (CFD)

A geometria do PBR de 30 L foi pré-processada utilizando o software Gambit (ver. 2.2, Lebanon, N.H, Fluent, Inc.). O PBR foi dividido em três zonas: ar, água e zonas de injeção. A altura atual é de 1400 mm. Por conseguinte, para uma capacidade de cultura de 30 L, a zona de água tem aproximadamente 1050 mm. O diâmetro do bocal na zona de injeção é de aproximadamente 5 mm. O número total de células da malha não estruturada de todo o domínio computacional foi de 500.428. A avaliação da qualidade da malha utilizando o valor da assimetria equiangular variou entre 0,25 e 0,50, o que é considerado bom (Manual do Fluent, 2006; Baker, 2002).

O programa Fluent (ver. 6.2, Lebanon, N.H., Fluent, Inc.) foi utilizado como módulo principal e solver para efetuar o cálculo CFD. Na **Tabela 4-1** são apresentadas informações sobre os dados e valores utilizados nas condições de contorno do modelo de simulação para validar o código CFD e a técnica de modelagem aplicada. O modelo multifásico implementado foi o modelo Lagrangiano-Euleriano, seguindo estudos de simulação anteriores, tais como Li *et al.*, 2000; Joshi, 2001; Akhtar *et al.*, 2007. De acordo com Joshi (2001), o uso da formulação Lagrangiana-Euleriana especialmente para PBRs de coluna de bolhas oferece algumas vantagens, uma vez que cada bolha individual é modelada para seu fluxo através da coluna. O modelo de turbulência RNG k-ε foi empregado com caraterísticas dispersas, o qual já foi utilizado em simulações similares de PBRs, tais como Sanyal *et al.*, 1999; Perner *et al.* 2003; Trujilio *et al.* 2007. Para realizar a subida das bolhas, o diâmetro do tamanho das bolhas foi fixado em 0,005 m, que é o mesmo que o tamanho mínimo da grelha implementado no desenho da malha. O ar foi introduzido na condição de fronteira de entrada com base nos casos simulados, conforme indicado na **Tabela 4-2**.

Tabela 4-1 Dados e variáveis implementados na simulação CFD do PBR de 30 L para validar o código CFD.

Characteristics	Values
Total mesh number	500, 428
Solver	Pressure based (implicit)
Multiphase model	Lagrangian-Eulerian
Phases	Water (primary), Air (secondary)
Specified operating density	1.225 kg m^{-3}
Turbulence	RNG k-ε turbulence model (dispersed)
Near-wall treatment	Standard wall functions
Discretization	Second order upwind
Conditions	Unsteady state
Bubble size	0.005 m
Time interval	0.01s
Solver	Pressure based (implicit)

Tabela 4-2 Velocidade de entrada de ar implementada na simulação CFD do PBR de 30 L.

PIV test case	Area considered in the PIV Analysis	Air flow rate, vvm	Inlet velocity implemented in the simulation, m s^{-1}
1	Region 1	0.05	1.27
2	Region 1	0.10	2.55
3	Region 1	0.15	3.82
4	Region 1	0.20	5.09
5	Region 2	0.05	1.27
6	Region 2	0.10	2.55
7	Region 2	0.15	3.82
8	Region 2	0.20	5.09

1.3. Resultados e discussão

1.3.1. Tamanho do intervalo da grelha de malha

O pré-processamento do modelo é uma parte muito importante, especialmente nos estudos de simulação, para obter resultados fiáveis. Isto requer experiência e competências sobre como criar a geometria do modelo e tomar uma boa decisão sobre o tipo de malha e o tamanho da malha a utilizar, etc. A geometria da coluna de bolhas do PBR não é complexa, pelo que apenas o tipo e o tamanho da malha devem ser decididos de forma adequada . **A Fig. 4-4** apresenta a vista superior do PBR de acordo com o tamanho do intervalo de malha de 0,001 ~ 0,011 m que foi simulado para decidir qual o tamanho da malha a utilizar. Obviamente, o tipo de malha implementado foi o tetraedro. O número total de malhas empregando tamanhos de intervalo de malha variados de 0,001, 0,003, 0,005, 0,007, 0,009 e 0,011 m e o tempo estimado para a simulação são apresentados na **Tabela 4-3**. A qualidade das malhas foi avaliada através do valor do equiangle skewness e, em todos os tamanhos de intervalos de malha, os valores são inferiores a 0,50, o que representa uma boa qualidade (Bakker, 2002, Fluent Manual, 2006).

Os resultados da simulação mostraram que o tamanho do intervalo da malha tem um efeito significativo na magnitude da velocidade média calculada. Os tamanhos dos intervalos da grelha de malha, particularmente 0,007, 0,009 e 0,011 m, apresentaram uma diferença percentual mais elevada em relação à magnitude da velocidade em comparação com o PIV, enquanto os tamanhos da grelha de malha 0,001, 0,003 e 0,005 m apresentaram valores inferiores a 10 % e podem ser comparáveis com o resultado do PIV (**Fig. 4-5**). O resultado pode sugerir que qualquer um destes tamanhos de intervalos de malha pode ser escolhido para ser implementado nas simulações seguintes. Quanto mais pequena for a dimensão da malha, mais tempo é necessário para completar a simulação. No entanto, este problema pode ser facilmente resolvido através da utilização de um sistema de computação paralela que pode reduzir significativamente o tempo de simulação. A diferença percentual da magnitude da velocidade média em comparação com o PIV, com intervalos de malha de 0,001, 0,003 e 0,005 m, considerando todo o fluxo de ar, foi de aproximadamente 5,28, 5,81 e 6,78 %, respetivamente. Por conseguinte, sem sacrificar a qualidade dos resultados da simulação e também minimizando significativamente o tempo de simulação, foi sensatamente escolhido um tamanho de malha de 0,005 m. Além disso, isso está quase em congruência com os resultados obtidos por Seo *et al.*, (2012) onde um tamanho de malha de 0,004 m foi selecionado para simular o fluxo de bolhas em um PBR de 2 L.

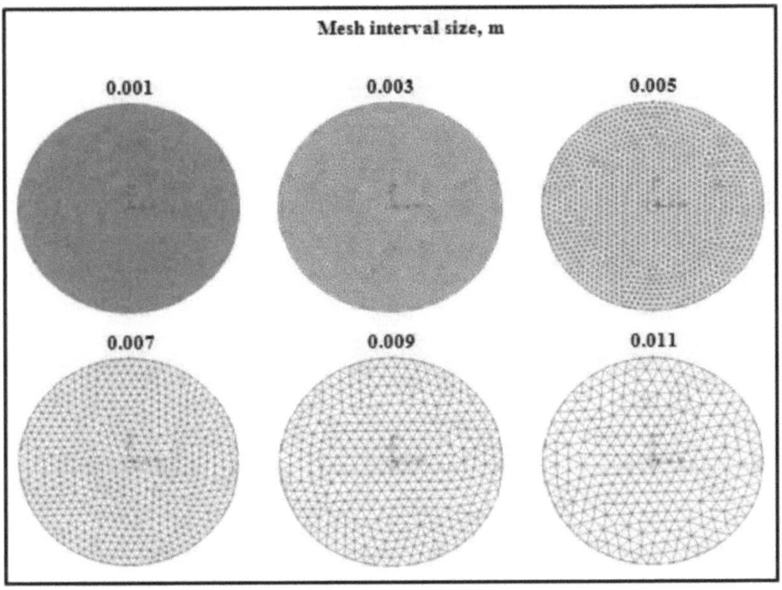

Fig. 4-4. Vista superior do PBR de acordo com o tamanho do intervalo de malha utilizado.

Tabela 4-3 Total de nós da malha em intervalos de tamanho de malha variados e o tempo estimado para a simulação.

Mesh size interval, m	Total # of mesh nodes	Approximate simulation time, hrs
0.001	3,465,247	336
0.003	1,825,403	225
0.005	622,500	140
0.007	226,077	115
0.009	111,061	100
0.011	64,071	90

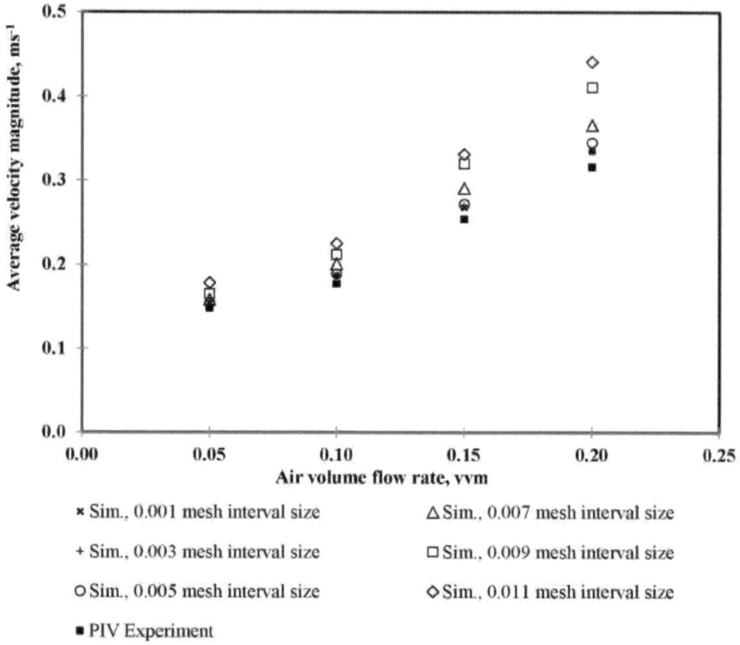

Fig. 4-5 Magnitude da velocidade média obtida a partir da simulação em comparação com o PIV para caudais de ar variados.

1.3.2. Visualização do escoamento de fluidos

A visualização do escoamento a partir dos testes PIV é possível e pode ser analisada em relação aos parâmetros hidrodinâmicos, como a mistura ou as zonas mortas no interior do PBR. As zonas mortas são regiões onde a velocidade do fluido é demasiado baixa e pode assumir-se que o escoamento do tampão ocorre nessa região. O fluxo também é visualizado para investigar se uma distribuição uniforme do fluxo é alcançada, o que é muito importante para as células de microalgas, particularmente na sua absorção de luz.

O movimento do fluido no interior do PBR causado pela injeção de ar na parte inferior do

O PBR pode ser claramente visualizado a olho nu durante a realização das experiências. A formação de bolhas, as suas caraterísticas de fluxo à medida que as bolhas sobem no PBR, bem como quando se desintegram, podem ser facilmente observadas. Além disso, à medida que o caudal de ar foi aumentando, foram sendo introduzidas mais bolhas e pode ser visivelmente observada uma maior turbulência no interior do PBR. Uma observação mais detalhada mostrou também que a velocidade do fluido registou valores mais elevados nas secções onde as bolhas estão a subir. Quanto maiores são as bolhas, maiores são os valores de velocidade observados e calculados. Este facto é claramente demonstrado na **Fig. 4-6**, onde foi tirada uma série de fotografias instantâneas PIV num dos casos experimentais. O escoamento das bolhas no interior do PBR apresenta um comportamento caótico, o que torna a validação a partir destes dados quase impossível. Assim, foram utilizados os dados da velocidade média do escoamento obtidos a partir de um total de 300 instantâneos em cada caso. Esta observação também pode mostrar as regiões onde uma boa mistura e maior turbulência podem possivelmente acontecer. Assim, no PBR, as regiões onde se espera que as bolhas subam experimentam melhor mistura e turbulência, o que geralmente ocorre na secção interna do PBR, enquanto se pode suspeitar de mistura deficiente nas secções da parede e perto da parede.

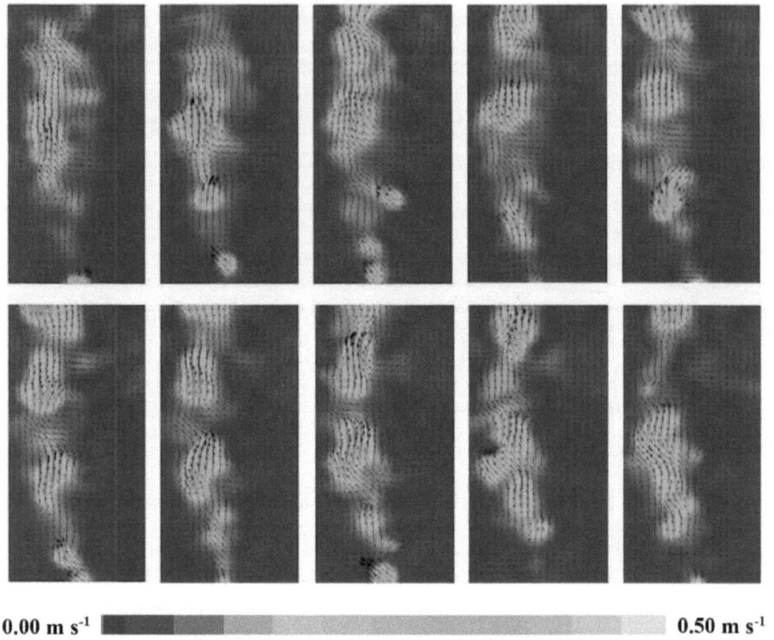

Fig. 4-6 Visualização do escoamento de fluido no interior do PBR obtido num dos casos de teste PIV que mostrou um comportamento caótico no que respeita ao escoamento de bolhas.

1.3.3. Validação do modelo CFD

Neste estudo, a magnitude da velocidade média obtida a partir dos dados PIV e de simulação foi comparada visual e quantitativamente (**Figs. 4-7 e 4-8; Tabela 4-4**). Na **Fig. 4-7**, os resultados do PIV são a magnitude da velocidade média obtida a partir de 300 imagens capturadas em cada caso de teste, que foram pós-processadas utilizando os softwares Ensight 3G e Tecplot. Como se pode ver no **Quadro 4-4**, a magnitude da velocidade calculada obtida a partir do CFD com malhas de 0,001, 0,003 e 0,005 é comparável à magnitude da velocidade média calculada obtida no PIV, como se pode ver no quadrado a tracejado. As diferenças percentuais calculadas da magnitude da velocidade média global em comparação com a PIV foram de aproximadamente 5,31, 5,84, 6,77, 12,67, 21,83 e 29,31 % para os tamanhos de malha 0,001, 0,003, 0,005, 0,007, 0,009 e 0,011, respetivamente. Uma vez que o caudal de ar é o principal catalisador das caraterísticas do fluxo no PBR, espera-se que, à medida que o caudal de ar aumenta, a magnitude da velocidade média também aumente. Além disso, observa-se que as diferenças percentuais na magnitude da velocidade em comparação com a PIV aumentam com caudais mais elevados. No entanto, as diferenças percentuais não podem ser atribuídas apenas ao caudal, mas também à dimensão da malha utilizada no modelo, como já foi referido.

A Fig. 4.8 apresenta a comparação percentual da magnitude da velocidade média calculada pelo CFD em função da dimensão da malha com o PIV, para diferentes caudais de ar. A comparação percentual obtida com as malhas de 0,007, 0,009 e 0,011 diminuiu drasticamente, enquanto as malhas de 0,005, 0,003 e 0,001 apresentaram valores comparáveis aos do PIV, estimados em cerca de 95 %. A diferença é quase aceitável para os peritos em simulação. Por conseguinte, qualquer um destes três tamanhos de grelha pode ser escolhido de forma sensata para ser utilizado na simulação seguinte. No entanto, tendo em conta o tempo de cálculo da simulação e sem sacrificar a exatidão do resultado, uma dimensão de malha de 0,005 é uma escolha mais sensata. Além disso, as diferenças percentuais da magnitude da velocidade média entre os dados do PIV e o resultado da simulação em taxas de fluxo de ar variadas de 0,05, 0,10, 0,15 e 0,20 vvm usando um tamanho de malha de 0,005 são as seguintes 4,05, 6,78, 7,09 e 9,18 % para. A diferença percentual também é inferior a 10%, o que é geralmente considerado aceitável na maioria dos estudos de modelação por computador.

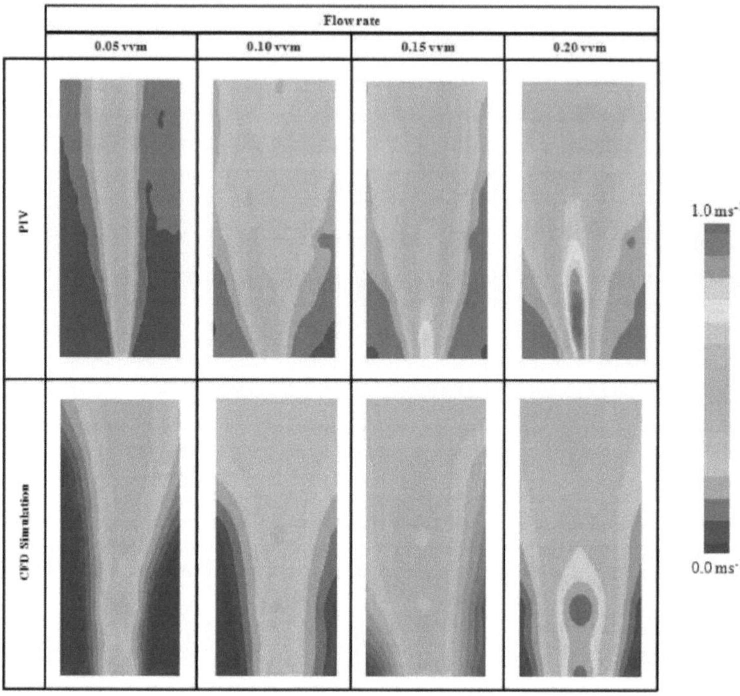

Fig. 4-7 Comparação visual da magnitude da velocidade média em comparação com os dados PIV a um intervalo de tamanho de malha de 0,005.

Tabela 4-4 Comparação da magnitude da velocidade média calculada a partir da simulação PIV e CFD.

Flow rate, vvm	Computed average velocity, m s^{-1}						
	PIV	Simulation, Mesh interval size					
		0.001	0.003	0.005	0.007	0.009	0.011
0.05	0.154	0.157	0.159	0.159	0.173	0.178	0.181
0.10	0.185	0.188	0.189	0.190	0.206	0.216	0.226
0.15	0.257	0.268	0.275	0.278	0.294	0.325	0.336
0.20	0.325	0.331	0.334	0.348	0.366	0.415	0.448

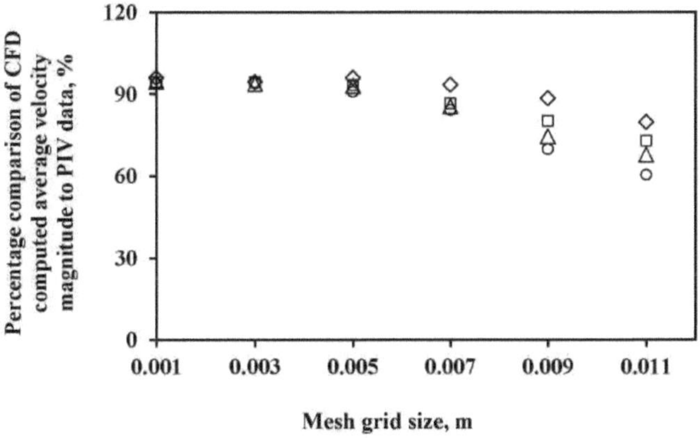

Fig. 4-8 Comparação percentual da magnitude da velocidade média calculada pelo CFD, de acordo com o tamanho da malha, com o PIV a taxas de fluxo de ar variadas (taxas de fluxo de ar, vvm: 0 - 0,05, □ - 0,10, Δ - 0,15, o- 0,20).

1.4. Conclusões

Neste estudo, o PIV foi utilizado para validar o código CFD usado na modelagem de simulação de um PBR de 30 L. Foram extraídos dados de 8 casos de teste PIV, que foram contabilizados a partir de 4 taxas de fluxo de ar e duas regiões experimentais onde os dados PIV foram extraídos. Com base nos dados extraídos do PIV, que foram pós-processados usando os softwares Ensight 3D e Tecplot, a magnitude da velocidade média foi obtida em todos os casos. As magnitudes da velocidade média calculadas em cada caso PIV foram comparadas quantitativamente com a magnitude da velocidade média calculada obtida na simulação. A velocidade média global obtida na simulação varia com base no caudal de ar e no tamanho da malha da grelha que foi implementada. A utilização de tamanhos de malha de 0,007, 0,009 e 0,011 na simulação mostrou maiores magnitudes de velocidade média calculada. No entanto, a utilização de malhas com dimensões de 0,005, 0,003 e 0,001 apresentou resultados comparáveis e semelhantes aos resultados PIV calculados. A comparação percentual entre a magnitude da velocidade média calculada pelo CFD e a calculada pelo PIV para as três malhas é estimada em cerca de 95 %, o que é geralmente aceite pelos peritos em modelização. Assim, qualquer uma das três dimensões de malha pode ser selecionada e aplicada em simulações CFD posteriores. No entanto, tendo em conta o tempo de cálculo, mas sem sacrificar a exatidão da simulação, é preferível utilizar a malha de 0,005. Utilizando uma dimensão de malha de 0,005, a diferença percentual entre os dados PIV e os resultados da simulação, considerando os quatro caudais de ar utilizados no ensaio PIV, está dentro do erro de simulação aceitável, que não é superior a 10%. Além disso, a técnica PIV demonstrou ainda mais a sua aplicabilidade na validação de abordagens de simulação como a CFD.

CAPÍTULO 5

5. Investigação numérica e conceção de PBRs a partir de três parâmetros de avaliação hidrodinâmica e da luz

5.1. Introdução

Os fotobiorreactores de coluna de bolhas (PBRs), que são eficientes no crescimento de células fotossintéticas, têm recebido enorme atenção na última década. Esses PBRs oferecem muitas vantagens, como simplicidade no projeto, sem partes móveis, fáceis de construir e operar (Bitog *et al.*, 2011). Têm caraterísticas adequadas de transferência de calor e massa e requerem menos custos operacionais devido aos baixos requisitos de entrada de energia. Na perspetiva da engenharia, a configuração estrutural e o design dos PBRs têm um papel crítico na hidrodinâmica do fluxo, que também é importante para proporcionar condições de crescimento ideais para as células. Assim, a hidrodinâmica dos PBR de coluna de bolhas de várias geometrias foi investigada tanto em laboratório como através de estudos de simulação (**Quadro 5-1**). No entanto, as actuais concepções de PBR ainda têm de resolver muitos problemas hidrodinâmicos no interior do PBR, especialmente para o processo de aumento de escala. Devem ser considerados muitos factores igualmente importantes, como a penetração e a distribuição da luz, a injeção e a mistura de gás, a espécie celular e a resposta das células à tensão de cisalhamento (Bitog *et al.*, 2011, Michels *et al.*, 2010, Perez *et al.*, 2006). Na cultura de células de alta densidade em PBRs, os principais critérios são a boa mistura, a transferência de massa e a utilização da luz (Chiu *et al.*, 2009). Estes factores estão intimamente relacionados, de modo que a penetração e a difusão da luz no interior dos PBRs são afectadas pelas caraterísticas da mistura, que são fortemente influenciadas pelo método de injeção de gás (Bitog *et al.*, 2011).

A mistura ou o movimento do fluido no interior dos PBRs é um dos factores mais importantes a ter em conta na conceção dos PBRs. Nos PBRs de coluna de bolhas, a hidrodinâmica do fluxo é realizada através de bolhas que são normalmente introduzidas na secção inferior, proporcionando simultaneamente mais tempo para a transferência de massa e o fornecimento de CO_2. O próprio gás reagente fornece a ação de agitação necessária para conduzir as interações gás-líquido e gás-líquido-sólido e a reação (Rampure *et al.*, 2007). De acordo com Barbosa et al. (2003), o movimento das células da zona escura para a zona clara dos PBRs é muito importante para que as células passem por ciclos de luz/escuridão, o que foi considerado um fator de aumento da produtividade das células. As caraterísticas de mistura, especialmente para os PBR em coluna, são obtidas através da introdução de bolhas. A maior velocidade superficial do gás gerada pelas bolhas de ar nos PBR resultaria numa melhor mistura, mas também aumentaria as forças de cisalhamento, que há muito se suspeita causarem a morte das células.

Tramper *et al.* (1986) distinguiram três regiões onde é provável que as células sofram demasiadas tensões que podem causar a morte das células. Suspeita-se que as tensões de cisalhamento elevadas ocorrem no aspersor, onde as bolhas são formadas, no caminho onde as bolhas sobem e na superfície onde as bolhas se rompem (Tramper *et al.*, 1986). A superação da tensão de cisalhamento de culturas de microalgas em PBRs com aspersão foi o foco do estudo de Barbosa *et al.* (2003), que descobriram que a formação de bolhas no aspersor era a principal causa de morte celular. Suzuki *et al.* (1995) relataram um aumento na taxa de morte de células de microalgas para valores de velocidade superficial do gás acima de 1,7 cm s^{-1}. No entanto, um estudo efectuado por Barbosa et al. (2003) demonstrou o contrário. Verificaram que a velocidade superficial até 7,6 cm s^{-1} não tem qualquer efeito no crescimento das células da microalga *D. tertiolecta* e que a viabilidade é superior a 94%. Obteve-se uma velocidade superficial mais elevada para a *C. reinhardtii*, tendo sido determinado um valor de 8,4 cm s^{-1}. A velocidade superficial recomendada em fotobiorreactores varia consoante a espécie de microalga, como se mostra no **Quadro 5-2.** Assim, deve ser desejada uma velocidade superficial óptima que crie um elevado grau de turbulência que permita uma circulação rápida das células e, ao mesmo tempo, não seja prejudicial para o seu crescimento.

A luz não pode ser considerada como um substrato comum para as microalgas, na medida em que envolve dois fenómenos antagónicos: por um lado, é necessária uma elevada quantidade de energia fotónica para assegurar as condições de crescimento das microalgas, mas, por outro lado, o aumento da concentração de biomassa no reator diminui a profundidade de penetração da luz na cultura devido ao auto-sombreamento das células (Loubiere *et al.*, 2009). Assim, a utilização da luz na cultura é o maior constrangimento nos PBR, o que dificulta o seu aumento de escala e limita frequentemente a produção de biomassa concentrada com elevada qualidade e produtividade. Isso torna a penetração da luz no projeto do PBR muito crucial, porque a iluminação dentro do PBR também influencia a composição da massa, a taxa de crescimento e a formação do produto (Bitog *et al.*, 2011). Em cultura densa, o gradiente de intensidade de luz depende do seu comprimento de onda, da concentração de células, da geometria do PBR e da distância de penetração da luz (Fernandes *et al.*, 2010).

Por conseguinte, a intensidade da luz num determinado ponto do PBR depende do comprimento do caminho da luz, da concentração celular e da absorção da luz pelas microalgas (Grima *et al.*, 1994). Alguns dados sugerem que um único fotobiorreactor tubular vertical (coluna de bolhas ou modelos airlift) não pode exceder cerca de 20 cm de diâmetro ou a disponibilidade de luz será severamente reduzida (Miron *et al.*, 1999). Além disso, a altura de um único dispositivo é limitada a cerca de 40 cm por razões estruturais e para reduzir o sombreamento mútuo dos rectores em instalações com várias colunas, o que seria necessário para qualquer operação à escala comercial (Miron *et al.*, 1999).

Vários relatórios mostraram um crescimento diferente das algas quando cultivadas em diferentes condições de crescimento e a geometria do PBR não pode ser ignorada. É provavelmente um dos factores críticos a considerar, especialmente quando se pretende aumentar a escala. Num estudo efectuado por Zusuki *et al.* (1995), foi encontrada uma correlação linear entre a taxa de mortalidade específica e o inverso da altura da cultura. No entanto, não foi fornecida qualquer explicação. Camacho *et al.* (2000) relataram o comportamento inverso: um aumento na altura da cultura causou um aumento na taxa de mortalidade. Os autores relacionaram o efeito da altura do fluido com a fixação das bolhas pelas células: uma maior altura de ascensão significa que mais células podem ser capturadas pelas bolhas ascendentes e levadas para a superfície, onde as células morrem quando as bolhas se rompem. No entanto, Barbosa *et al.* (2003) contestaram esta afirmação, salientando que o rebentamento das bolhas não é o único fator e pode mesmo não ser o fator mais importante que conduz à morte das células. Os autores mostraram que o local do espargidor tem um efeito importante nos danos celulares e que a velocidade de entrada do gás deve ser considerada como uma possível indicação de morte celular. No entanto, é ainda necessário mais trabalho para clarificar a influência deste parâmetro na morte celular e a sua escalabilidade como ferramenta de conceção de reactores e de aumento de escala para diferentes estirpes de microalgas (Barbosa *et al.*, 2003).

O aumento da altura da cultura também pode causar um tempo de ciclo mais longo, o que pode até diminuir a eficiência fotossintética (Janseen *et al.*, 2001). Além disso, tempos de circulação rápidos demonstraram dar origem a uma eficiência fotossintética consideravelmente mais elevada (Matthijs *et al.*, 1996). Assim, as condições de crescimento necessárias para as células fotossintéticas na altura dos PBRs de coluna de bolhas são limitadas em escala. O diâmetro do PBR também é limitado até certo ponto, por exemplo, para garantir a penetração da luz no interior do PBR, o diâmetro não deve exceder 20 cm ou a disponibilidade de luz será severamente reduzida (Miron *et al.*, 1999). No entanto, até à data, não é recomendada nenhuma geometria ou volume de trabalho padrão para a produção em massa de células fotossintéticas, como as algas. Além disso, a hidrodinâmica do fluido no interior do PBR é fortemente influenciada pela geometria da estrutura, que afecta diretamente a intensidade da irradiância e as condições de mistura no interior dos PBR, pelo que a otimização da estrutura é não só necessária, mas também muito crítica (Yu *et al.*, 2009).

Recentemente, a abordagem de simulação numérica tem sido aplicada noutros locais para investigar a conceção de reactores, sempre orientada pelo objetivo da instalação de produção, a tensão celular e o produto de interesse. Este método utilizou técnicas computacionais para simular uma grande variedade de sistemas físicos e de engenharia. Especificamente, a abordagem de simulação tenta imitar o comportamento hidrodinâmico de um sistema e prever as sequências de eventos que controlam esse comportamento (Oran e Boris, 2001). No projeto e análise de PBRs, a abordagem de simulação numérica no estudo do escoamento de fluidos no interior de PBRs é agora amplamente reconhecida entre os engenheiros de projeto como uma ferramenta eficaz na previsão dos complexos fenómenos inerentes aos PBRs, especialmente nos casos em que a utilização da abordagem experimental é restringida por restrições técnicas (Bitog *et al.*, 2011).

A hidrodinâmica do fluxo no interior do PBR desempenha um papel muito importante em termos de proporcionar um ambiente de crescimento ideal para as células. O fluxo afecta a retenção de gás e a transferência volumétrica de massa nos PBR, que são igualmente importantes para obter CO_2 e nutrientes suficientes para as células. Isto torna-se complexo porque o fluxo é afetado por vários factores, tais como a dimensão e a conceção do PBR, a velocidade do fluxo de gás, etc. Estudos de simulação numérica já tentaram investigar um ou mais destes factores. Por exemplo, as retenções de gás e os coeficientes volumétricos de transferência de massa num modelo fenomenológico para a rutura e coalescência de bolhas em reactores de coluna foram investigados por Shimizu *et al.*, (2000) utilizando CFD. Eles propuseram um modelo de compartimento para descrever os movimentos das bolhas. O seu estudo de simulação não fornece uma descrição completa do comportamento das bolhas, no entanto, dá uma visão significativa dos fenómenos em reactores de coluna com bolhas. Um estudo semelhante foi realizado por Baten e Krishna (2002), em que o CFD foi utilizado para investigar as caraterísticas das bolhas no interior de um PBR de coluna de bolhas em regimes homogéneos e heterogéneos. Os seus resultados revelaram que, nos regimes de fluxo heterogéneo, as bolhas grandes se concentram no núcleo central da coluna de bolhas, enquanto as bolhas pequenas se distribuem por toda a coluna. A retenção de bolhas pequenas também é constante no regime de fluxo heterogéneo. Um estudo de acompanhamento foi realizado por Baten *et al.*, (2003) onde a hidrodinâmica de reactores internos de elevação de ar foi investigada e os resultados experimentais versus simulações CFD foram comparados. Os autores desenvolveram um modelo de aumento de escala a partir dos resultados, mas apenas aplicável a reactores de elevação de ar. No seu modelo de aumento de escala, verificou-se uma redução significativa da retenção de gás devido a uma recirculação de líquido significativamente mais elevada. No entanto, os autores sublinharam a necessidade de verificação experimental, especialmente quando se trata de aumento de escala. Yamashita e Suzuki (2006) estudaram a retenção de gás no interior do PBR, que é um parâmetro muito importante para o projeto e o aumento de escala de PBRs com colunas de bolhas. A sua investigação CFD demonstrou que a retenção de gás depende de muitos factores, tais como a velocidade do gás e do líquido, as propriedades físicas do gás e do líquido, o tipo e a disposição dos aspersores de gás, a altura da entrada de gás e a inclinação das colunas de bolhas. A força de arrasto em bolhas em enxames de bolhas foi investigada por Roghair *et al.*, (2009) e centrou o seu estudo no efeito da presença de bolhas vizinhas no arrasto em função da fração de vazio. Eles descobriram que o coeficiente de arrasto normalizado aumenta para frações de vazio mais altas. Além disso, o seu estudo recomendou que os efeitos do alinhamento horizontal preferencial no arrasto médio experimentado pelas bolhas devem ser tidos em conta explicitamente nas correlações de fecho de arrasto.

Estes resultados de investigação permitiram uma compreensão profunda das caraterísticas complexas do escoamento nos PBRs. No entanto, apesar destas tentativas de investigação, os resultados da simulação que podem ser aplicados na conceção de um PBR adequado para a produção em massa de microalgas são ainda limitados. Neste estudo, a simulação numérica utilizando a técnica CFD foi implementada para investigar as caraterísticas hidrodinâmicas em PBRs cilíndricos de 30 L com coluna de bolhas. O código CFD e as abordagens de simulação foram inicialmente conduzidos utilizando PIV e discutidos no Capítulo 4 e os resultados foram também utilizados para melhorar os modelos de simulação seguintes. A hidrodinâmica do escoamento, afetada por vários caudais de ar, vários diâmetros de bocal e o efeito de um deflector interno adicional, foi cuidadosamente investigada. Os parâmetros de medição hidrodinâmicos utilizados na investigação de

Os PBRs foram a percentagem volumétrica de zonas mortas, o tempo médio de circulação e a intensidade da turbulência. Os três parâmetros hidrodinâmicos combinados com a luz estimada foram utilizados para selecionar os PBRs apropriados para o cultivo real de microalgas. Foram determinados os parâmetros de funcionamento recomendados, como o caudal de ar e o diâmetro do bocal, que são adequados para o PBR de 30 L. O efeito do parâmetro de conceção do PBR através da adição de um deflector interno com uma geometria modificada do fundo do PBR em termos de parâmetros hidrodinâmicos foi também cuidadosamente quantificado.

5.2. Materiais e métodos

5.2.1. Dinâmica dos fluidos computacional

A aplicação da dinâmica dos fluidos computacional (CFD) na conceção de fotobiorreactores tem vindo a avançar rapidamente e foi objeto de uma análise aprofundada no Capítulo 2. As medições diretas são provavelmente a melhor forma de compreender o comportamento do fluxo e da carga poluente, mas não podem ser efectuadas antes da construção do PBR. A dinâmica de fluidos computacional (CFD) oferece uma alternativa para fornecer ao engenheiro de projeto previsões sobre este comportamento. A CFD é atualmente considerada como uma ferramenta poderosa para estudar e analisar os fluxos de fluidos. Esta ferramenta utiliza computadores e técnicas numéricas para resolver problemas que envolvem o movimento de fluidos. Utilizando a CFD, pode ser construído um modelo computacional que representa um sistema ou um dispositivo e, aplicando a física e a química do escoamento de fluidos a este protótipo virtual, é possível determinar uma previsão da dinâmica dos fluidos e dos fenómenos físicos relacionados (Bitog *et al.*, 2011). Os PBRs de coluna de bolhas e de elevação de ar foram simulados e analisados em termos de caraterísticas de fluxo, transferência de energia e massa, penetração e distribuição de luz, etc., utilizando a técnica CFD. Os desenvolvimentos contínuos da CFD e a disponibilidade de computadores pessoais mais potentes e acessíveis abriram caminho para a modelação e conceção de PBRs com base na sua finalidade. Este facto foi observado na última década, em que se verificou um rápido aumento dos estudos de simulação de PBR.

Tabela 5-1 Uma lista resumida de PBRs de coluna de bolha típicos.

Type	Culture volume	Focus of the study	Reference /Year
Cylindrical and Rectangular column	20L	Comparison of Multi-phase models, Validation of CFD code from PIV data	Seo *et al.*, 2012
Cylindrical column	21 L	Mass transfer and shear, Mathematical model to improve reactor design and performance	Bannari *et al.*, 2011
Cylindrical column with porous centric tube	4 L	Laboratory study on flow patterning high-density cultures of microalgae and carbon dioxide removal	Chui *et al.*, 2009
Square type column	10 L, W: 15, D: 15, H: 45	Eulerian-Eulerian modeling of flow, mass transfer and chemical reaction	Zhang *et al.*, 2009
Rectangular column	15 L, W: 25, D:15, H: 40	Optimization of inner structure parameters	Yu *et al.*, 2009
Cylindrical column with centric tube	20 L	Local characteristics of hydrodynamics in the reactor	Lou and Al-Dahhan, 2008
Rectangular column	8L, W: 4, D: 20, H: 100	Simulation on drag force formulation	Simonet *et al.*, 2008
Rectangular column	12 L, W: 20, D: 5 H: 120	Modeling of two-phase flow using class method of population balance	Bannari *et al.*, 2008
Cylindrical column	30 L, R: 10, H: 100	Application of VOF model and study on the effect of air distributor validated with laboratory experiment on superficial gas velocity	Akhtar *et al.*, 2007
Cylindrical column	63 L, R: 10, H: 200	CFD and Laboratory study on the effect of high gas velocity	Rampure *et al.*, 2007
Cylindrical column	60L, R: 9.6, H: 205	Mixing as a new approach to characterize dispersion coefficients	Rubio *et al.*, 2004
Cylindrical column	35 L, R: 7.5, H: 200	CFD analysis of flow validated with laboratory experiment	Baten *et al.*, 2003
Cylindrical column	13 L, R: 6.5, H: 100	Simulation of algal growth	Wu and Merchuk, 2002
Cylindrical column	24 L, R: 8, H: 120	Validation of a transient, two-dimensional axisymmetric simulation	Sanyal *et al.*, 1999
Rectangular column	4.5 L, W: 20, D: 5, H: 45	Simulation using Eulerian-Eulerian modeling approach	Pfleger *et al.*, 1999

(L: liters, R: radius, W: width, D: depth, H: height, unit dimension are in cm)

Quadro 5-2 Velocidade superficial recomendada para algumas espécies de microalgas.

Specie	Maximum superficial velocity (cm s^{-1})	Reference
Anabaena variabilis	2.0	Yoon *et al.*, 2008
Haematococcus pluvalis	0.04	Powtongsook *et al.*, 2006
C. reinhardtii	8.4	Barbosa *et al.*, 2003
D. tertiolecta	7.6	Barbosa *et al.*, 2003
Phaeodactylum tricornutum	5.0	Camacho *et al.*, 2001
Phorphyridium sp.	0.54~0.82	Merchuk *et al.*, 2000
Dunaleilla tertiolecta	1.7	Zusuki *et al.*, 1995

A prática de projetar PBRs usando CFD deu uma compreensão profunda da hidrodinâmica / padrão de fluxo nos PBRs, que é a chave para o projeto e aumento de escala. No nosso artigo de revisão (Bitog *et al.*, 2011), foi apresentado o poder da CFD como ferramenta na previsão de fenómenos complexos inerentes aos PBRs, especialmente nos casos em que a utilização da abordagem experimental é limitada por restrições técnicas. Hoje em dia, a CFD é amplamente aceite como uma técnica poderosa na conceção de PBRs; no entanto, a sua aplicação ainda está em processo de desenvolvimento para considerar todos os factores complexos envolvidos no crescimento de microalgas dentro dos PBRs. Mais detalhes sobre a aplicação de CFD para modelar e projetar PBRs para a produção de microalgas podem ser encontrados em Bitog *et al.*, (2011).

A validação é muito importante no domínio dos estudos de modelação e simulação. Por exemplo, em CFD, trata-se de estabelecer a exatidão dos códigos utilizados, de modo a criar credibilidade e confiança nos resultados e a poderem ser utilizados para tirar conclusões e tomar decisões. Geralmente, isto é feito comparando os resultados da simulação com a realidade física através da realização de experiências laboratoriais ou de campo. Neste estudo específico, a experiência PIV já foi efectuada e discutida no Capítulo 4.

Depois de estabelecer a validade do código CFD que está a ser implementado, foram realizadas simulações do PBR com e sem deflector com diâmetros de bocal variados de 5, 10, 15 e 20 mm e taxas de fluxo de ar de 0,05 0,1, 0,15 e 0,2 vvm. Os parâmetros de avaliação utilizados para avaliar o desempenho hidrodinâmico dos PBRs foram as percentagens de volume das zonas mortas, o tempo médio de circulação e a intensidade da turbulência. Os resultados da simulação foram cuidadosamente analisados com base no conceito de proporcionar um bom ambiente hidrodinâmico para o crescimento das células de microalgas. Com base nos parâmetros hidrodinâmicos utilizados para avaliar os PBRs, foi escolhido um caso de simulação de PBR com o caudal e o diâmetro do bocal adequados e utilizado no cultivo real de microalgas.

Os PBRs de coluna cilíndrica de bolhas de 30 L foram projectados utilizando o software Gambit (ver. 2.2, Lebanon, N.H., Fluent, Inc.), uma ferramenta de pré-processamento perfeitamente adaptada ao programa Fluent. Os cálculos foram efectuados pelo programa Fluent (ver. 6.2, Lebanon, N.H., Fluent, Inc.) e também pós-processa os resultados. O modelo multifásico Euleriano-Lagrangiano foi utilizado no estudo. Este modelo tem sido amplamente utilizado, especialmente para modelar escoamentos gás-líquido ou líquido-líquido. Além disso, é aplicável mesmo para uma vasta gama de fracções de volume e o modelo de turbulência é automaticamente incluído. A literatura contém informações mais pormenorizadas sobre modelos multifásicos. Os dados e valores utilizados na simulação são apresentados na **Tabela 5-3**. O modelo de turbulência RNG k-ε foi utilizado com caraterísticas dispersas. O modelo de turbulência k-ε baseado no RNG é derivado das equações instantâneas de Navier-Stokes, usando uma técnica matemática chamada de métodos de "grupo de renormalização" (RNG). A derivação analítica resulta em um modelo com constantes diferentes daquelas do modelo k-ε padrão e termos e funções adicionais nas equações de transporte para k e ε. (Manual do Fluent, 2006). Uma descrição mais abrangente da teoria RNG e sua aplicação à turbulência pode ser encontrada em Choudhury (1993). Esse modelo de turbulência tem sido usado em simulações similares de PBR, como em Sanyal *et al.*, 1999; Perner *et al.* 2003; Akhtar *et al.* (2007); Trujilio *et al.* (2007). Para realizar a subida das bolhas, o diâmetro do tamanho das bolhas foi fixado em 0,005 m, que é o mesmo que o tamanho mínimo da grelha implementado no desenho da malha.

Os principais factores investigados na conceção do PBR foram os seguintes 1) Caudal de ar com 4 subfactores, 2) Diâmetro do bocal com 4 subfactores e 3) Geometrias do PBR com 2 subfactores. Isto totalizou 4 x 4 x 2 = 32 casos de simulação. Os caudais de ar considerados foram 0,05, 0,10, 0,15 e 0,20 vvm e os diâmetros dos bicos foram 5, 10, 15 e 20 mm. Ao implementar a simulação dos PBRs, a velocidade de entrada do ar foi variada de acordo com os casos de simulação baseados particularmente nas taxas de fluxo de ar e nos diâmetros dos bicos, conforme apresentado na **Tabela 5-4**. Os dois subfactores da geometria do PBR são constituídos por um com e outro sem deflector interno. Para além dos PBRs com deflector interno, a geometria da parte inferior foi também concebida para ser saliente com uma estrutura vertical em forma de cone. Os modelos de conceção do PBR sem deflector e do PBR com deflector e fundo saliente são apresentados na **Fig. 5-1**.

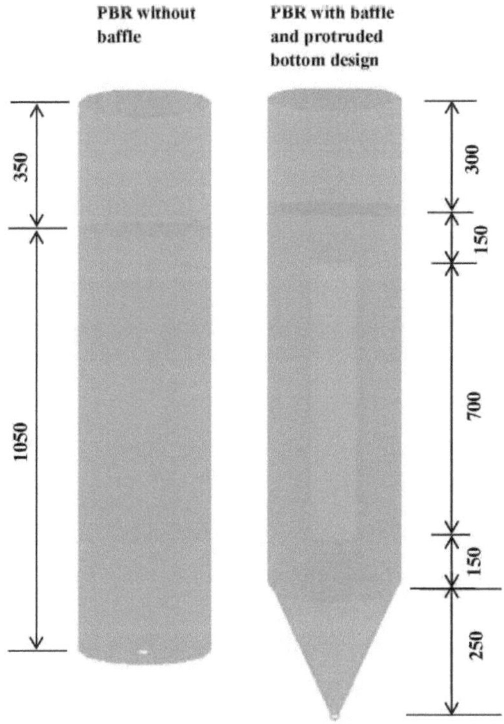

Fig. 5-1 Os modelos de conceção do PBR de 30 L investigados no estudo em termos da sua hidrodinâmica de escoamento (Dimensões em mm).

Tabela 5-3 Dados e variáveis implementados nas simulações.

Pre-processing (Gambit software)	PBR without baffle	Inner diameter	185 mm
		Height of water zone	1150 mm
		Height of air zone	250 mm
		Total number of mesh	500428
	PBR with baffle	Inner diameter	185 mm
		Height of water zone	1032 mm
		Height of air zone	218 mm
		Height of injection zone (cone-shaped)	250 mm
		Total number of mesh	622500
Main Module (Fluent program)		Solver	Pressure based (implicit)
		Multiphase model	Eulerian-Lagrangian
		Phases	Water (primary), Air (secondary)
		Specified operating density	1.225 kg m^{-3}
		Turbulence	RNG k-ε turbulence model (dispersed)
		Near-wall treatment	Standard wall functions
		Discretization	Second order upwind
		Conditions	Unsteady state
		Bubble size	0.005 m
		Time interval	0.01s

Tabela 5-4 Velocidade de entrada de ar implementada na simulação dos PBRs.

Air flow rate, vvm	Inlet velocity implemented in the simulation, m s^{-1} (based from air flow rate and nozzle size diameter)			
	5 mm nozzle	10 mm nozzle	15 mm nozzle	20 mm nozzle
0.05	1.27	0.32	0.14	0.08
0.10	2.55	0.64	0.28	0.16
0.15	3.82	0.95	0.42	0.24
0.20	5.09	1.27	0.57	0.32

5.2.2. Parâmetros hidrodinâmicos utilizados para avaliar os PBR

Os PBRs foram avaliados em termos de percentagens volumétricas de zonas mortas, média tempo de circulação e a intensidade da turbulência. As zonas mortas, tal como definidas por Yu *et al.* (2009), são as zonas em que a velocidade do líquido é inferior a 1,0 x 10^{-3} m s^{-1}. As percentagens de zonas mortas no PBR foram quantificadas comparando os 32 casos de simulação. As regiões onde existem algumas zonas mortas podem fornecer informações e sugerir algumas medidas a serem tomadas para eliminar essas zonas. A presença de zonas mortas provoca a sedimentação das células, o que resulta na deterioração das células, na decomposição anaeróbia e na qualidade do produto (Suh e Lee, 2003).

O tempo médio de circulação referido neste estudo é o tempo médio que as partículas demoram a viajar desde o fundo do PBR até à interface água-ar e vice-versa. A circulação média pode ser determinada através da introdução de células de partículas no fundo dos PBRs e monitorizadas para determinar as suas localizações à medida que se deslocam verticalmente para a interface água-ar e vice-versa. As células foram apropriadamente assumidas como partículas sem massa e sem volume e tratadas como traçador de partículas passivas na fase contínua, porque o tamanho das microalgas é muito pequeno, ou seja, cerca de 0×10^{-5} a 0×10^{-6} m (Sato *et al.*, 2010). Desta forma, Sato *et al.* (2010) salientaram que as células são transportadas mesmo para pequenos remoinhos na escala espacial mais pequena do que a malha. Por conseguinte, para ter em conta este fenómeno, foi implementado um modelo de rastreio de passeio aleatório (Manual Fluent, 2006). Considerando os PBRs de coluna de bolhas em que o ar, o CO_2 e outros nutrientes são normalmente introduzidos no fundo, seria preferível um tempo de deslocação mais rápido para maximizar a taxa de transferência de massa. Se for fornecida nutrição suficiente aos PBRs, tanto a taxa de fixação de CO_2 como a taxa de evolução de O_2 dependerão principalmente do tempo de deslocação das bolhas de gás e da taxa de transferência de massa gás-líquido (Fan *et al.*, 2007). Além disso, uma circulação mais rápida pode implicar um tempo de ciclo mais curto e, por conseguinte, pode resultar numa mistura mais rápida. Isto também pode resultar numa maior eficiência fotossintética (Janseen *et al.*, 2001; Matthijs *et al.*, 1996).

Basicamente, a intensidade da turbulência mede a razão entre a raiz do quadrado médio das flutuações de velocidade e a velocidade média do fluxo livre. Está provado que a turbulência é vantajosa para as células porque provoca uma mudança contínua na posição relativa das células em relação às zonas fóticas, o que está relacionado com o efeito de luz intermitente (Terry 1986). No entanto, demasiada turbulência pode ser muito prejudicial para as células, o que pode resultar não só em restrições ao crescimento das algas e à atividade metabólica, mas também na morte das células. As três zonas principais no interior do PBR, onde ocorre tensão de cisalhamento para as células, levando à sua morte devido a turbulência muito elevada, tal como identificado por Tramper *et al.* (1986), foram investigadas em termos da sua turbulência. Estas zonas foram previamente investigadas por Camacho (2000), Barbosa *et al.* (2003) e Zhong e Yuan (2009) através de experiências laboratoriais. Os resultados obtidos por Camacho (2000) revelaram que a maior parte das mortes celulares ocorre nas zonas de interface água-ar. Zhong e Yuan (2009) também relataram resultados semelhantes aos de Camacho (2000), no entanto, isto foi anteriormente contestado por Barbosa *et al.* (2003), que descobriram que a maior parte da morte celular ocorre na zona de injeção, mas o efeito do tamanho da bolha na morte celular nunca foi relacionado com a formação de bolhas no aspersor. Estes resultados contraditórios de estudos anteriores serão investigados a partir dos resultados CFD obtidos em todos os casos simulados.

5.2.3. O modelo de fases discretas (DPM)

Os dados quantitativos utilizados para investigar os parâmetros hidrodinâmicos no interior dos PBRs, particularmente utilizando zonas mortas e intensidade de turbulência, podem ser obtidos após o pós-processamento dos resultados da simulação. No entanto, para obter dados quantitativos para os tempos de circulação, um modelo adicional deve ser incluído na simulação, como o modelo de fase discreta (DPM).

O FLUENT DPM é um dos pacotes de software comercial disponível para CFD. Contém as amplas capacidades de modelação física necessárias para modelar o escoamento, a turbulência, a transferência de calor e as reacções para aplicações industriais, incluindo reactores de coluna de bolhas. Conforme discutido por Robinson *et al.* (2007), o DPM utiliza a técnica de solução Lagrangiana para prever a trajetória de partículas em fase discreta. A equação da trajetória das partículas pode ser resolvida com a equação do momento e da energia para o escoamento contínuo (acoplada) ou depois de o momento e a energia terem convergido (desacoplada). A opção acoplada permite que as partículas interajam com o fluido do escoamento e afectem a solução do escoamento.

O rastreio de partículas explora a capacidade dos programas CFD para prever as trajectórias das partículas da fase dispersa (as partículas devem ter as mesmas propriedades, por exemplo, densidade, que a fase contínua).

As trajectórias e os tempos de residência são integrados com base no campo de velocidade conhecido da fase contínua (método Lagrangiano). Esta abordagem é simples nos escoamentos laminares (convectivos), ao contrário dos escoamentos turbulentos, em que as flutuações aleatórias das velocidades devem ser sobrepostas à velocidade média da fase contínua (modelos de passeio aleatório discreto ou contínuo). As trajectórias das partículas são calculadas através da integração da equação de equilíbrio de forças apresentada na Eq. (5-1) (Fluent Inc, 2006).

$$\frac{dV_p}{dt} = \frac{18\mu}{d_p^2 \rho_p C_c}\left(V - V_p\right) + \frac{g_x\left(\rho_p - \rho\right)}{\rho_p} + F_x \tag{5-1}$$

A eficiência da deposição por sedimentação é regida pelo primeiro e segundo termos do lado direito da Eq. (5-1), que são, respetivamente, a força de arrasto de Stokes por unidade de massa e a força de flutuação por unidade de massa. A força de empuxo é responsável pela diferença entre a densidade do fluido e a densidade das partículas. A eficiência da deposição por difusão é regida pelo movimento browniano tratado como forças externas aleatórias, modelado como um processo de ruído branco gaussiano com amplitudes definidas na Eq. (5-2). A equação foi derivada em Li e Ahmadi (1992) para escoamentos em canais turbulentos, conforme apresentado por Robinson *et al.* (2007). A deposição é determinada pela soma das partículas "presas" no destino. As partículas são consideradas presas quando seu centro de massa (ponto central) toca a parede. O Fluent também informa o número de partículas incompletas, abortadas, evaporadas ou incapazes de serem rastreadas. Na maioria das circunstâncias, esses números podem ser minimizados com o ajuste de vários parâmetros de entrada (Robinson *et al. 2007).*

$$F_{x,diff} = \xi_{ij} \sqrt{\frac{21.6 \nu \sigma T}{\Delta t \pi \rho d_p^2 \left(\frac{\rho_p}{\rho}\right)^2 C_c}} \tag{5-2}$$

As condições de fronteira a serem definidas para as partículas podem ser simuladas quando uma partícula atinge uma face de fronteira da seguinte forma (Manual do Fluent, 2006): 1. A partícula pode ser reflectida através de uma condição elástica ou inelástica; 2. A partícula pode escapar através da fronteira, sendo perdida do cálculo no ponto em que embate na fronteira; 3. A partícula pode ficar presa na parede e o material não volátil é perdido do cálculo no ponto de impacto com a fronteira, sendo o material volátil presente na partícula ou gota libertado para a fase de vapor nesse ponto; 4. A partícula pode passar através de uma zona de fronteira interna, como um radiador ou um salto poroso; 5. A partícula pode deslizar ao longo da parede, dependendo das propriedades da partícula e do ângulo de impacto. Também está disponível outra opção que pode ser implementada para modelar o comportamento da partícula ao atingir uma fronteira, utilizando uma função definida pelo utilizador do programa Fluent.

Existem dois modelos diferentes para a dispersão turbulenta de partículas: o modelo de rastreio estocástico e o modelo de nuvem de partículas. A dispersão de partículas num escoamento turbulento é devida às flutuações turbulentas. É muito importante que esta dispersão turbulenta seja incluída no modelo para proporcionar um certo grau de realismo físico, mesmo que isso acarrete algum custo computacional. Além disso, do ponto de vista numérico, a inclusão da dispersão turbulenta aumenta a estabilidade, suavizando os termos de origem e eliminando picos locais no acoplamento entre a fase discreta e a fase gasosa. O modelo DPM tem associado a si um número finito de injecções para qualquer carga de massa que seja introduzida no modelo de simulação. Por conseguinte, cada injeção individual não representa uma partícula individual, mas uma carga de massa individual, dividida igualmente por um número N de trajectos. Se a dispersão turbulenta não for incluída no modelo, numa dada injeção individual que tenha associada uma carga mássica finita, cada partícula representada por essa injeção finita ou carga finita segue exatamente a mesma trajetória, o que não é fisicamente realista. Num escoamento turbulento, se as partículas forem injectadas a partir da mesma posição e com as mesmas condições iniciais, espera-se que as células tomem caminhos diferentes. No entanto, tal não se verificará se a dispersão turbulenta não for incluída. Este facto explica a importância de considerar a dispersão turbulenta no modelo, uma vez que confere um nível de realismo físico e permite suavizar ou distribuir as fontes de uma forma mais realista, o que também é mais fácil para o solucionador. Por conseguinte, em vez de toda a massa seguir uma única trajetória, encorajam-se mais injecções ou trajectos em que a massa segue uma trajetória ligeiramente diferente que pode permitir a distribuição dos termos das fontes.

O FLUENT DPM foi utilizado para simular o movimento das células à medida que elas se deslocam ao redor, para cima e para baixo do PBR. As injecções de partículas podem ser definidas através de um ficheiro de texto que especifica as propriedades, a posição e a velocidade inicial das partículas. As partículas não devem ser injectadas no primeiro elemento campo de escoamento devido a problemas ocasionais com a resolução da grelha n no primeiro plano de elementos que podem interferir com a injeção de partículas. Além disso, recomenda-se que as partículas não sejam injetadas a menos de um elemento das paredes para evitar a deposição artificial imediata (Robinson *et al., 2007).* Durante a simulação, assumindo que as células não se multiplicam em número num período de 10 minutos, utilizando um tamanho de passo de tempo de 0,001, o número de passos de tempo é, portanto, fixado em 600.000.

Para quantificar o tempo de circulação nos PBRs, é necessário conhecer o movimento da célula no interior do PBR. As células podem ser apropriadamente assumidas como partículas sem massa e sem volume e podem ser tratadas como traçador de partículas passivas na fase contínua, porque o tamanho das microalgas é muito pequeno, cerca de 0 x 10^{-5} a 0 x 10^{-6} m (Sato *et al.*, 2010). Como discutido anteriormente por Sato *et al.*, (2010), as células são transportadas mesmo para pequenos remoinhos na escala espacial mais pequena do que a malha. Por conseguinte, para ter em conta este fenómeno, foi adotado neste estudo um modelo de passeio aleatório em que a posição da célula pode ser calculada utilizando a Eq. (5-3) também proposta por Sato et al. (2010).

$$x_p^{n+1} = x_p^n + U_p \Delta t + i\sqrt{2v_t \Delta tx} \quad (5\text{-}3)$$

Quando as células atingem os limites da parede dos PBRs, espera-se que a partícula ricocheteie (**Fig. 5-2**) com uma mudança em seu momento, conforme definido pelo coeficiente de restituição apresentado na Eq. (5-4), em que v_n é a velocidade da partícula normal à parede e os subscritos 1 e 2 referem-se a antes e depois da colisão, respetivamente. Do mesmo modo, o coeficiente de restituição tangencial, e_t, define a quantidade de momento na direção tangencial à parede que é retida pela partícula. Neste estudo, foi utilizado um coeficiente de restituição normal ou tangencial igual a 1, o que implica que a partícula reteve todo o seu momento normal ou tangencial após o ressalto (uma colisão elástica). O coeficiente de restituição normal define a quantidade de momento na direção normal à parede que é retida pela partícula após a colisão com a fronteira.

$$\text{Coefficient of restitution} = \frac{V_{2,n}}{V_{1,n}} \quad (5\text{-}4)$$

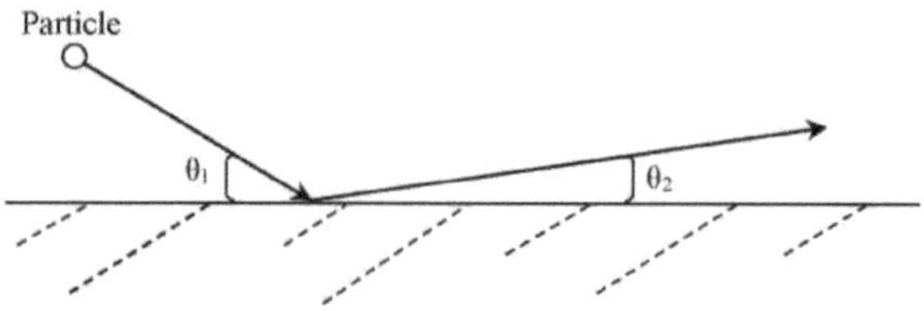

Fig. 5-2 Diagrama esquemático das caraterísticas das partículas simuladas por CFD quando atingem um determinado limite no interior do PBR.

5.2.4. Previsão da intensidade luminosa nos PBRs

A intensidade da luz no interior dos PBR não pode ser ignorada, sendo um dos principais factores de crescimento que pode ser estimado com base na distância das partículas injectadas às paredes. Assumindo um fornecimento uniforme de luz nos PBRs, uma estimativa da experiência de iluminação de uma célula de algas pode ser determinada a partir da Lei de Lambert-Beer (Eq. 5-5) proposta anteriormente por Lou e Al-Dahhan (2003). O modelo assume que a intensidade da luz externa é uniforme ao longo das paredes cilíndricas do PBR. Portanto, a uma dada distância radial da parede, as intensidades de luz recebidas pelas partículas celulares podem ser estimadas. Para além dos parâmetros de avaliação hidrodinâmicos para avaliar os 32 casos investigados, é desejável que existam casos com uma intensidade luminosa elevada estimada.

$$I = I_E \exp\left[-(k_x . X + k_w)d\right] \quad (5\text{-}5)$$

5.3. Resultados e discussão

5.3.1. Realização do projeto PBR

A criação da geometria do PBR utilizando o software Gambit (ver. 2.2, Lebanon, N.H.,

Fluent, Inc.), especialmente para o projeto típico da coluna de bolhas, pode ser imediatamente realizada devido à sua conceção simples, que é apenas uma única coluna vertical. No entanto, a estrutura PBR com deflector interno e geometria em forma de cone com fundo saliente é um pouco desafiante. Especialmente no que respeita à geometria da malha do fundo, foram tentadas várias abordagens para obter uma qualidade de malha aceitável quando verificada utilizando o valor de assimetria equiangular, que deve situar-se entre 0,25 e 0,50, o mesmo que para uma coluna de bolhas típica, o que é considerado bom (Manual do Fluent, 2006; Baker, 2002). A geometria da malha de projeto dos PBRs foi realizada dividindo o PBR em 4 sub-partes, tais como: 1) a zona de injeção ou a geometria saliente, 2) o deflector interno, 3) a coluna principal que agora se torna oca porque o deflector interno não está incluído, e 4) a parte superior que compreende a zona de ar. Esta abordagem permite obter uma malha confortável e uma qualidade de malha aceitável. No final, a geometria da malha do PBR com deflector interno e desenho em forma de cone com fundo saliente foi realizada com malhas piramidais e maioritariamente hexaedónicas. **A Fig. 5-3** apresenta o desenho da malha do PBR com deflector interno e geometria do fundo em forma de cone saliente.

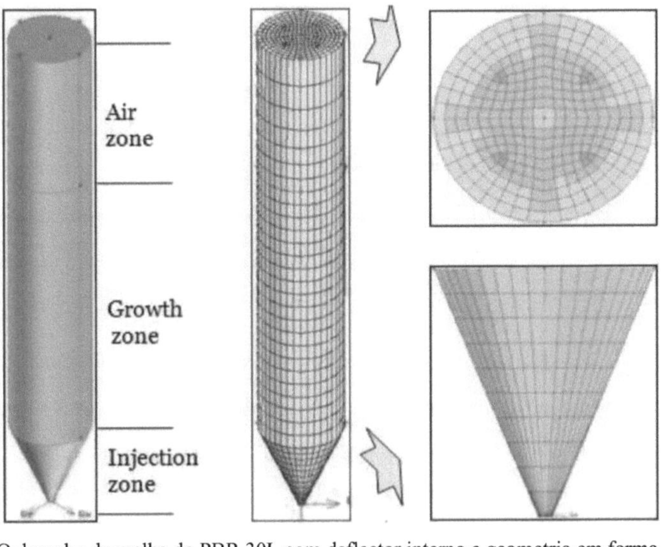

Fig. 5-3 O desenho da malha do PBR 30L com deflector interno e geometria em forma de cone com fundo saliente pré-processado utilizando o software Gambit.

5.3.2. Percentagem de zonas mortas no interior dos PBR

Os resultados quantitativos da percentagem volumétrica de zonas mortas dos 32 modelos multifásicos CFD simulados foram apresentados na **Tabela 5-5**. Em termos das percentagens de zonas mortas no interior dos PBR, o caso com a menor percentagem de volume foi observado no caso A4B1C2, com 2,87%, enquanto a maior percentagem foi observada no caso A1B4C1, com 42,51%. O efeito do deflector e da geometria em forma de cone pode ser facilmente reconhecido para diminuir as percentagens de zonas mortas nos PBRs. Independentemente do caudal de ar e do diâmetro do bocal, a percentagem média de zonas mortas dos PBR sem deflector e dos PBR com deflector interno é estimada em 17,25 % e 11,35 %, respetivamente, enquanto a maior redução da percentagem de zonas mortas dos PBR sem deflector para os PBR com deflector interno é de aproximadamente 10 %. Considerando também o efeito do caudal de ar, independentemente do diâmetro do bocal e da geometria do PBR, observou-se que as percentagens de zonas mortas diminuíram de 22,44 %, 14,21 %, 11,35 % e 9,20 % para caudais de ar de 0,05 %, 0,10 %, 0,15 % e 0,20 % vvm. No entanto, se o efeito do diâmetro do bocal for considerado, observa-se uma tendência crescente com a percentagem de zonas mortas estimada em 4,55, 9,13, 18,02 e 25,45% quando o diâmetro do bocal aumenta de 5, 10, 15 e 20 cm, respetivamente. Os vários resultados obtidos em todos os casos simulados sugerem que os factores caudal de ar, diâmetro do bocal e geometria do PBR têm um efeito significativo nas percentagens de volume das zonas mortas no PBR. Especialmente no caso do caudal de ar e do diâmetro do bocal, em que a velocidade de entrada se baseou no cálculo da velocidade do ar e foi utilizada como condição de fronteira no campo da velocidade de entrada, observou-se uma tendência decrescente nas percentagens de volume das zonas mortas, seguindo a lei da potência ($y = 5{,}3652x^{-0{,}695}$) com um valor R^2 de 0,9451, como se mostra na **Fig. 5-4**. O gráfico foi extraído das percentagens de volume das zonas mortas nos casos de PBRs apenas com deflector interno. No entanto, também se observa uma tendência semelhante para os casos de PBRs sem deflector interno.

Além disso, os resultados da simulação revelaram que a maior parte das zonas mortas está localizada na parte inferior e perto das paredes, particularmente para os PBRs sem deflector interno, enquanto que para os PBRs com deflector e design de fundo em forma de cone, as zonas mortas podem ser vistas na superfície exterior do deflector interno, embora mínimas. Isto sugere fortemente que o fundo em forma de cone dos PBR melhorados eliminou as zonas mortas, em especial no fundo e nas regiões de injeção dos PBR.

Tabela 5-5 Percentagens de volume das zonas mortas dos 32 casos simulados por CFD.

Case	Volume percentage of dead zones, %	Case	Volume percentage of dead zones, %
$A_1B_1C_1$	8.21	$A_3B_1C_1$	6.61
$A_1B_1C_2$	3.66	$A_3B_1C_2$	3.12
$A_1B_2C_1$	18.86	$A_3B_2C_1$	6.31
$A_1B_2C_2$	11.41	$A_3B_2C_2$	4.18
$A_1B_3C_1$	34.58	$A_3B_3C_1$	14.88
$A_1B_3C_2$	26.61	$A_3B_3C_2$	9.51
$A_1B_4C_1$	42.51	$A_3B_4C_1$	26.66
$A_1B_4C_2$	33.67	$A_3B_4C_2$	18.85
$A_2B_1C_1$	7.08	$A_4B_1C_1$	5.24
$A_2B_1C_2$	3.12	$A_4B_1C_2$	2.87
$A_2B_2C_1$	11.01	$A_4B_2C_1$	9.51
$A_2B_2C_2$	4.87	$A_4B_2C_2$	4.65
$A_2B_3C_1$	22.21	$A_4B_3C_1$	13.67
$A_2B_3C_2$	14.61	$A_4B_3C_2$	8.11
$A_2B_4C_1$	29.81	$A_4B_4C_1$	20.08
$A_2B_4C_2$	20.67	$A_4B_4C_2$	11.66

A: Caudais de ar de 0,05, 0,10, 0,15 e 0,20 vvm que correspondem a A1, A2, A3 e A4, respetivamente.

B: Diâmetro do bocal de 5, 10, 15 e 20 mm, que corresponde a B1, B2, B3 e B4, respetivamente.

C: Desenho geométrico do PBR sem deflector e com deflector que corresponde a C1 e C2, respetivamente.

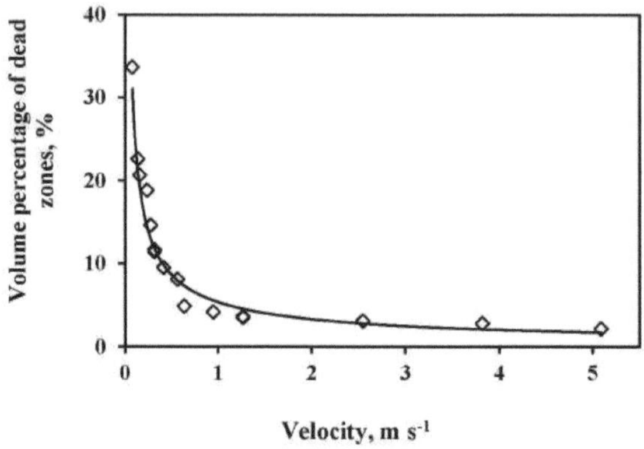

Fig. 5-4 Efeito da velocidade de entrada utilizada como condição de fronteira na simulação em termos da percentagem volumétrica de zonas mortas no interior dos PBRs com deflector interno.

5.3.3. Tempo médio de circulação nos PBRs

O tempo médio de circulação para as partículas viajarem do fundo do PBR até a interface água-ar e vice-versa também é resumido (**Tabela 5-6**). Estes foram obtidos através da introdução de células de partículas no fundo dos PBRs e foram monitorizados para determinar as suas localizações à medida que se deslocam verticalmente do fundo do PBR para a interface água-ar e vice-versa. O tempo médio de circulação mais curto, comparando todos os casos simulados, foi observado no caso A4B1C2, com aproximadamente 8,05 s. Este caso tem também as percentagens mais baixas de zonas mortas, como observado anteriormente. A circulação mais longa foi observada no caso A1B4C1 com aproximadamente 26,89 s. Como exemplo representativo, o movimento das partículas celulares dentro do PBR do caso com o menor tempo médio de circulação (A4B1C2) é mostrado na **Fig. 5-5**.

A observação geral revelou que o valor do tempo médio de circulação é diretamente influenciado pelo caudal definido, à semelhança das observações feitas nas percentagens volumétricas das zonas mortas. Esta tendência é apresentada na **Fig. 5-6**. medida que o caudal fixado aumenta, a distribuição do tempo médio de circulação calculado tende a diminuir segundo uma equação de lei de potência ($y = 10{,}195x^{-0{,}259}$) com um valor R^2 de 0,7428. Uma análise mais aprofundada dos resultados revelou que, com o mesmo caudal e o mesmo diâmetro de bocal, o tempo médio de circulação dos PBR com deflector é sempre inferior, em média, em cerca de 5,5 s, quando comparado com os PBR sem deflector. Independentemente do diâmetro do bocal e da geometria do PBR, os tempos médios de circulação foram estimados em 19,10, 15,63, 14,60 e 13,70 s para 0,05, 0,10, 0,15 e 0,20 vvm. Isto mostra que, com exceção do caudal de ar de 0,05 vvm, o tempo médio de circulação obtido com caudais de ar de 0,10, 0,15 e 0,20 vvm é quase comparável. Com diâmetros de bocal variados, independentemente da geometria e dos caudais de ar, o tempo médio de circulação foi de 11,52, 13,63, 17,81 e 20,07 s, para um diâmetro de bocal de 5, 10, 15 e 20 mm, respetivamente. Isso pode implicar que o diâmetro do tamanho do bocal desempenha um papel significativo em termos de tempos de circulação nos PBRs. Este facto é esperado, uma vez que o valor de entrada da velocidade do ar utilizado na simulação depende do diâmetro do tamanho do bocal. Por conseguinte, isto poderia sugerir que a seleção do diâmetro do bocal pode ser decidida com base no tempo médio de circulação. A sugestão também pode apoiar indiretamente as conclusões anteriores de Meier *et al.*, (1999) e Zhong e Yuan (2009) de que o diâmetro do bocal tem um efeito mínimo em termos de morte das células, o que se verificou em experiências laboratoriais reais.

Tabela 5-6 Tempo médio de circulação calculado em cada um dos 32 casos simulados por CFD.

Case	Average circulation time, s	Case	Average circulation time, s
$A_1B_1C_1$	14.88	$A_3B_1C_1$	14.05
$A_1B_1C_2$	9.21	$A_3B_1C_2$	8.41
$A_1B_2C_1$	19.57	$A_3B_2C_1$	15.55
$A_1B_2C_2$	13.81	$A_3B_2C_2$	9.51
$A_1B_3C_1$	25.66	$A_3B_3C_1$	18.51
$A_1B_3C_2$	20.01	$A_3B_3C_2$	13.67
$A_1B_4C_1$	26.89	$A_3B_4C_1$	21.41
$A_1B_4C_2$	22.81	$A_3B_4C_2$	15.66
$A_2B_1C_1$	15.65	$A_4B_1C_1$	13.84
$A_2B_1C_2$	9.08	$A_4B_1C_2$	8.05
$A_2B_2C_1$	16.21	$A_4B_2C_1$	15.01
$A_2B_2C_2$	10.08	$A_4B_2C_2$	9.29
$A_2B_3C_1$	20.51	$A_4B_3C_1$	17.22
$A_2B_3C_2$	14.48	$A_4B_3C_2$	12.41
$A_2B_4C_1$	22.31	$A_4B_4C_1$	19.88
$A_2B_4C_2$	17.71	$A_4B_4C_2$	13.91

A: Caudais de ar de 0,05, 0,10, 0,15 e 0,20 vvm que correspondem a A1, A2, A3 e A4, respetivamente.

B: Diâmetro do bocal de 5, 10, 15 e 20 mm, que corresponde a B1, B2, B3 e B4, respetivamente.

C: Desenho geométrico do PBR sem deflector e com deflector que corresponde a C1 e C2, respetivamente.

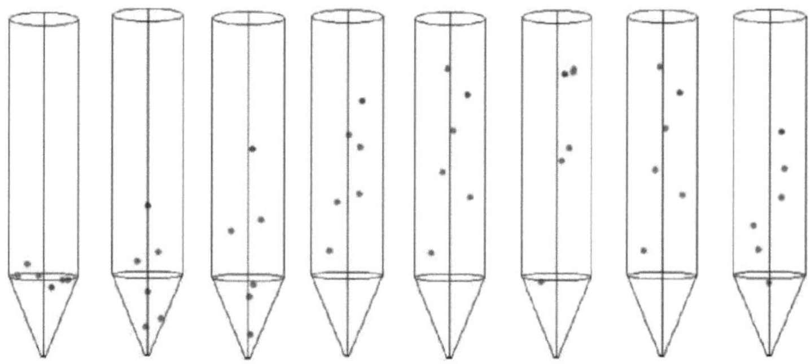

Fig. 5-5 Movimento de algumas células de partículas no interior do PBR para o caso (A1B4C1) que apresentou o menor tempo médio de circulação como um exemplo representativo dos resultados obtidos na simulação CFD.

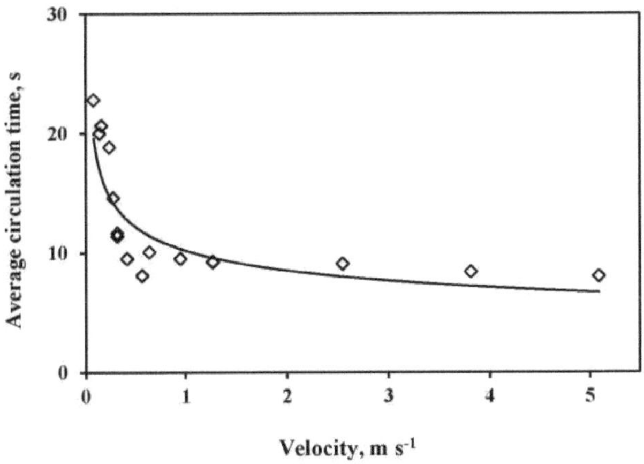

Fig. 5-6 Efeito da velocidade de entrada utilizada como condição de fronteira na simulação em termos do tempo médio de circulação calculado.

5.3.4. Intensidade da turbulência nos PBR

As três regiões onde são geradas forças de cisalhamento e onde normalmente se suspeita da morte celular foram investigadas em pormenor e comparadas em termos de intensidade de turbulência. Estas regiões foram particularmente avaliadas a 20 mm acima da zona de injeção, no caminho vertical onde a bolha sobe e a 20 mm abaixo da interface água-ar. Estas localizações foram previamente recomendadas por Tramper *et al.* (1986). No programa fluent, a turbulência é caracterizada como alta, moderada e baixa turbulência quando a intensidade turbulenta é $\geq$10 %, $\geq$ 1 % $\leq$ 10 % e $\leq$ 1 %, respetivamente (Fluent manual, 2006). Os resultados quantitativos apresentados na **Tabela 5-7** mostraram que as maiores intensidades turbulentas podem ser encontradas na interface água-ar, onde as bolhas se rompem. Segue-se a zona de injeção e depois a região de subida das bolhas. A turbulência mais alta foi encontrada na interface água-ar no caso A4B3C1 com 18,21%. Além disso, os resultados revelaram que a intensidade de turbulência elevada é sempre registada nos casos de simulação quando o diâmetro do bocal é de 15 e 20 mm, independentemente dos PBRs com ou sem deflector interno. Isto pode ser explicado pelo facto de, devido ao diâmetro mais largo do bocal, as formações de bolhas serem também maiores e, à medida que estas bolhas se deslocam e se desfazem na interface água-ar, é criada uma turbulência mais elevada. Curiosamente, com um diâmetro de bocal mais largo de 15 e 20 mm, o caudal de ar definido é inferior ao de 5 e 10 mm e, se o caudal tiver um efeito significativo na turbulência, o valor obtido em 5 e 10 mm deveria ser superior. No entanto, os resultados mostraram o contrário. Assim, suspeita-se que o tamanho das bolhas que se formam quando o ar é introduzido nos PBRs cause maior turbulência durante a desagregação. Isto também foi observado na investigação conduzida por Yu *et al.* (2009), onde utilizaram a turbulência como um dos parâmetros para otimizar a estrutura interna de um PBR plano nos seus casos simulados em 2D CFD, que também mostraram valores de turbulência mais elevados na interface água-ar.

De um modo geral, a maioria dos casos simulados de PBR revelou uma intensidade de turbulência baixa a média na zona de subida das bolhas, enquanto todos os PBRs revelaram uma intensidade de turbulência média a elevada na zona de injeção. Embora uma ligação direta entre a intensidade da turbulência e o crescimento e a morte das células não esteja fortemente estabelecida nem mesmo na literatura, os resultados obtidos aqui apoiaram ainda mais os relatórios de Camacho *et al.* (2000) e Zhong e Yuan (2009), que descobriram que ocorrem mais mortes de células nas zonas da interface água-ar onde a bolha se desprende. **A Fig. 5-7** apresenta uma vista superior dos perfis de contorno da intensidade média da turbulência obtida na interface água-ar de casos com turbulência baixa, moderada e alta como exemplo representativo dos casos simulados.

Tabela 5-7 Valor médio da intensidade de turbulência dos 32 casos simulados por CFD.

Case	Average turbulence intensity (%)		
	Injection zone	Bubble rising zone	Water-air interface
$A_1B_1C_1$	4.45	0.43	2.68
$A_1B_1C_2$	2.67	0.88	3.82
$A_1B_2C_1$	0.57	0.24	0.97
$A_1B_2C_2$	2.55	2.24	3.86
$A_1B_3C_1$	8.57	6.64	10.81
$A_1B_3C_2$	10.02	7.71	11.00
$A_1B_4C_1$	6.31	5.04	10.21
$A_1B_4C_2$	7.81	5.57	11.20
$A_2B_1C_1$	10.05	8.50	10.88
$A_2B_1C_2$	11.68	9.55	10.89
$A_2B_2C_1$	1.55	1.22	4.25
$A_2B_2C_2$	1.61	1.26	4.45
$A_2B_3C_1$	11.67	9.06	13.61
$A_2B_3C_2$	12.01	9.80	14.05
$A_2B_4C_1$	9.02	7.81	11.50
$A_2B_4C_2$	9.88	8.21	12.01
$A_3B_1C_1$	9.91	7.81	11.66
$A_3B_1C_2$	10.51	7.97	12.96
$A_3B_2C_1$	1.77	1.44	3.33
$A_3B_2C_2$	1.79	1.55	3.78
$A_3B_3C_1$	13.58	12.01	16.67
$A_3B_3C_2$	13.66	12.18	16.51
$A_3B_4C_1$	9.51	8.12	12.61
$A_3B_4C_2$	10.12	9.16	13.81
$A_4B_1C_1$	5.95	4.89	7.56
$A_4B_1C_2$	7.98	5.92	8.88
$A_4B_2C_1$	2.12	1.54	3.58
$A_4B_2C_2$	2.22	1.78	4.99
$A_4B_3C_1$	14.52	12.11	18.21
$A_4B_3C_2$	12.31	11.88	17.74
$A_4B_4C_1$	13.04	10.55	14.41
$A_4B_4C_2$	13.88	11.02	15.01

A: Caudais de ar de 0,05, 0,10, 0,15 e 0,20 vvm que correspondem a A1, A2, A3 e A4, respetivamente.

B: Diâmetro do bocal de 5, 10, 15 e 20 mm, o que corresponde a B1, B2, B3 e B4, respetivamente.

C: Desenho geométrico do PBR sem deflector e com deflector que corresponde a C1 e C2, respetivamente.

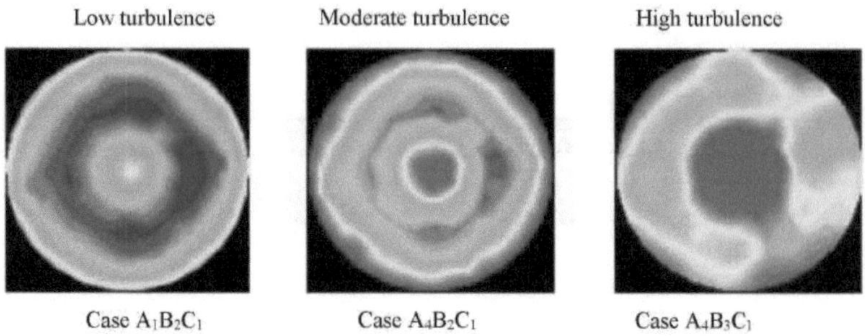

Fig. 5-7 Vista superior dos perfis de contorno da turbulência média obtida na interface água-ar dos casos com turbulência baixa, moderada e alta, como exemplo representativo dos resultados obtidos nos casos simulados.

5.3.5. Intensidade luminosa nos PBR

A iluminação das partículas também pode ser estimada com base na localização da distância das partículas às paredes dos PBRs. A partir do ficheiro txt que guardou a localização das partículas na simulação ao longo da direção X, da direção Y e da direção Z, à medida que se deslocam em torno do PBR. A intensidade da luz pode ser estimada usando a Lei de Lambert-Beer apresentada anteriormente na (Eq. 5-5) (Lou e Al-Dahhan, 2003). Assumindo uma intensidade luminosa externa de 400 μ E m^{-2} s^{-1} nas paredes do PBR e que há luz disponível em todos os lados, calcula-se uma estimativa da intensidade luminosa. A intensidade média de luz calculada é apresentada na **Tabela 5-8**. É interessante notar que é possível estabelecer uma relação entre o tempo médio de circulação e a intensidade luminosa média calculada, como se mostra na **Fig. 5-8**. Existe uma relação linear entre o tempo médio de circulação e a intensidade luminosa (y = -2,6666x + 389,01) com um valor R^2 de 0,073.

Quadro 5-8 Intensidade luminosa média calculada para os 32 casos simulados por CFD.

Case	Computed average light intensity, $\mu E\ m^{-2}\ s^{-1}$	Case	Computed average light intensity, $\mu E\ m^{-2}\ s^{-1}$
$A_1B_1C_1$	335.48	$A_3B_1C_1$	339.85
$A_1B_1C_2$	355.14	$A_3B_1C_2$	375.66
$A_1B_2C_1$	341.24	$A_3B_2C_1$	365.78
$A_1B_2C_2$	354.12	$A_3B_2C_2$	369.47
$A_1B_3C_1$	321.42	$A_3B_3C_1$	354.71
$A_1B_3C_2$	325.17	$A_3B_3C_2$	355.14
$A_1B_4C_1$	315.14	$A_3B_4C_1$	332.87
$A_1B_4C_2$	324.16	$A_3B_4C_2$	342.65
$A_2B_1C_1$	349.12	$A_4B_1C_1$	352.01
$A_2B_1C_2$	365.16	$A_4B_1C_2$	368.59
$A_2B_2C_1$	332.41	$A_4B_2C_1$	356.42
$A_2B_2C_2$	364.17	$A_4B_2C_2$	364.12
$A_2B_3C_1$	325.47	$A_4B_3C_1$	344.12
$A_2B_3C_2$	347.89	$A_4B_3C_2$	348.14
$A_2B_4C_1$	348.17	$A_4B_4C_1$	329.88
$A_2B_4C_2$	342.27	$A_4B_4C_2$	354.60

A: Caudais de ar de 0,05, 0,10, 0,15 e 0,20 vvm, que correspondem a A1, A2, A3 e A4, respetivamente.

B: Diâmetro do bocal de 5, 10, 15 e 20 mm, o que corresponde a B1, B2, B3 e B4, respetivamente.

C: Desenho geométrico do PBR sem deflector e com deflector que corresponde a C1 e C2, respetivamente.

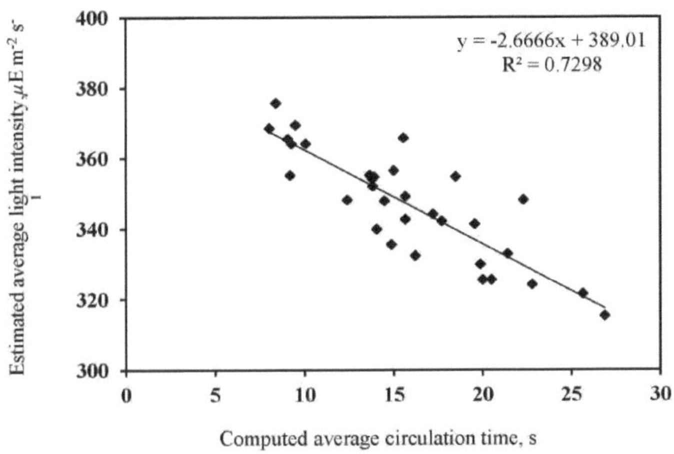

Fig. 5-8 Intensidade luminosa estimada em função do tempo médio de circulação calculado, obtido a partir dos 32 casos simulados por CFD.

5.3.6. Seleção de PBR adequados combinando os três parâmetros de avaliação hidrodinâmica e a luz

Com base na investigação hidrodinâmica, particularmente nas percentagens de zonas mortas, no tempo médio de circulação e na intensidade da turbulência, o PBR mais adequado é escolhido e recomendado para o cultivo efetivo de células de microalgas. A aplicação dos parâmetros hidrodinâmicos utilizando a técnica de eliminação é executada aqui. Não existe um padrão disponível em termos de zonas mortas permitidas dentro dos PBRs, pelo que o caso com as percentagens de volume mais baixas de zona morta é preferível se a zona morta for o único critério. No entanto, este não é o caso, uma vez que o tempo de circulação e a intensidade da turbulência devem ser considerados. O mesmo acontece com o tempo médio de circulação e a intensidade da turbulência, que também não podem ser utilizados como único critério. De um modo geral, observou-se também que os casos com menores percentagens volumétricas de zonas mortas apresentam também tempos de circulação mais curtos. Considerando que esta é a primeira tentativa de combinar os parâmetros hidrodinâmicos para selecionar o PBR adequado, foram decididos os seguintes critérios Critério 1 - as percentagens volumétricas de zonas mortas não devem ser superiores a 10 %; Critério 2 - o tempo médio de circulação não deve exceder 10 s; e Critério 3 - a intensidade da turbulência deve estar dentro da categoria baixa a moderada. Embora seja um facto que as taxas de crescimento das microalgas aumentam inicialmente com o aumento da turbulência, esta diminui acentuadamente com o aumento da velocidade do gás devido a danos celulares (Merchuk *et al.*, 2000). Estes critérios foram utilizados para escolher os modelos de PBR preferíveis entre os 32 casos simulados.

A Tabela 5-9 apresenta os resultados obtidos na aplicação do método de eliminação com base nos critérios estabelecidos. Na tabela, os casos assinalados com a letra "O" na respectiva coluna com o parâmetro de avaliação hidrodinâmica significam que passaram o critério estabelecido, enquanto os casos assinalados com "X" significam o contrário. Os casos destacados numa caixa retangular passaram os 3 critérios estabelecidos e, por conseguinte, concluíram ser os casos adequados para o cultivo de microalgas. Estes casos foram resumidos na **Tabela 5-10.** Observando os referidos casos, em termos dos parâmetros de conceção do PBR, todos os casos escolhidos têm um deflector interno e uma geometria saliente, enquanto dois casos têm um diâmetro de bocal inferior a 5 mm e os restantes 2 casos têm um diâmetro de bocal inferior a 10 mm. No entanto, tendo em conta o aspeto de construção do PBR, seria muito difícil implementar um diâmetro de bocal de 5 mm, especialmente quando a geometria do fundo do PBR é saliente e em forma de cone. Por conseguinte, os casos A1B1C2 e A4B1C2 são retirados da lista de seleção, sendo escolhido um diâmetro de bocal de 10 mm. Em termos de caudal de ar, os restantes 2 casos selecionados têm caudais de ar de 0,10 e 0,15 vvm. Considerando que o caudal de ar é um parâmetro operacional, este pode ser facilmente ajustado no cultivo real. Além disso, considerando que o caudal de ar tem uma influência em termos de percentagens de volume de zonas mortas nos PBR, pode recomendar-se que o caudal de ar mínimo para o PBR em estudo seja de 0,10 vvm. Esta pode ser ligeiramente aumentada para eliminar finalmente as zonas mortas no interior do PBR, mas não deve exceder 0,15 vvm de caudal de ar. Os dois casos também apresentaram uma quantidade mais elevada de intensidade luminosa estimada, que é de aproximadamente 364,17 e 369,47 μ E $m^{-2} s^{-1}$ para os casos A2B2C2 e A3B2C2, respetivamente.

Tabela 5-9 Seleção de casos adequados para o cultivo de microalgas com base nos critérios hidrodinâmicos estabelecidos.

Case	Criteria 1, ≤ 10 % dead zone	Criteria 2, ≤ 10 s of circulation time	Criteria 3, low to medium turbulence intensity		
			Injection zone	Bubble rising zone	Water-air interface
$A_1B_1C_1$	O	X	O	O	O
$A_1B_1C_2$	O	O	O	O	O
$A_1B_2C_1$	X	X	O	O	O
$A_1B_2C_2$	X	X	O	O	O
$A_1B_3C_1$	X	X	O	O	X
$A_1B_3C_2$	X	X	X	O	X
$A_1B_4C_1$	X	X	O	O	X
$A_1B_4C_2$	X	X	O	O	X
$A_2B_1C_1$	O	X	X	O	X
$A_2B_1C_2$	O	O	X	O	X
$A_2B_2C_1$	X	X	O	O	O
$A_2B_2C_2$	O	O	O	O	O
$A_2B_3C_1$	X	X	X	O	X
$A_2B_3C_2$	X	X	X	O	X
$A_2B_4C_1$	X	X	X	O	X
$A_2B_4C_2$	X	X	X	O	X
$A_3B_1C_1$	O	X	X	O	X
$A_3B_1C_2$	O	O	X	O	X
$A_3B_2C_1$	O	X	O	O	O
$A_3B_2C_2$	O	O	O	O	O
$A_3B_3C_1$	X	X	X	X	X
$A_3B_3C_2$	O	X	X	X	X
$A_3B_4C_1$	X	X	O	O	X
$A_3B_4C_2$	X	X	X	O	X
$A_4B_1C_1$	O	X	O	O	O
$A_4B_1C_2$	O	O	O	O	O
$A_4B_2C_1$	O	X	O	O	O
$A_4B_2C_2$	O	O	O	O	O
$A_4B_3C_1$	X	X	X	X	X
$A_4B_3C_2$	O	X	X	X	X
$A_4B_4C_1$	X	X	X	X	X
$A_4B_4C_2$	X	X	X	X	X

Tabela 5-10 Os casos que passaram os critérios estabelecidos e que são selecionados para o cultivo de microalgas.

Case	Air flow rate, vvm	Nozzle size diameter, cm	PBR design
$A_1B_1C_2$	0.05	5	With baffle
$A_2B_2C_2$	0.10	10	With baffle
$A_3B_2C_2$	0.15	10	With baffle
$A_4B_1C_2$	0.20	5	With baffle

5.4. Conclusões

Na perspetiva da engenharia, a configuração estrutural e o design dos PBRs têm um papel crítico na hidrodinâmica do fluxo no interior do reator, que é muito importante para proporcionar condições de crescimento ideais para as células de microalgas. Assim, neste estudo, o CFD foi utilizado para investigar a hidrodinâmica do escoamento no interior de PBRs de 30 L, simulando 32 casos. Os 32 casos simulados no estudo foram contabilizados a partir de quatro taxas de fluxo de ar diferentes, quatro diâmetros de tamanho de bocal e dois designs de geometria de PBR. A percentagem volumétrica de zonas mortas, o tempo médio de circulação e a intensidade da turbulência foram utilizados para investigar o desempenho dos PBRs como recipiente de cultivo de células de microalgas. Os resultados da simulação revelaram as vantagens hidrodinâmicas dos PBRs concebidos com um deflector interno e uma geometria em forma de cone com fundo saliente. Esta conceção de PBR pode eliminar as zonas mortas, ao mesmo tempo que executa uma melhor mistura e transferência de massa devido ao seu tempo médio de circulação mais rápido. Além disso, foi revelada uma relação linear entre o tempo médio de circulação e a intensidade média de luz calculada. Quanto mais rápido o tempo de circulação, mais intensidade de luz é recebida pelas células de partículas.

Esta abordagem de seleção de uma condição de funcionamento do PBR e de um projeto que combine os três parâmetros hidrodinâmicos é uma primeira tentativa deste tipo e não existe na literatura nenhum valor padrão para cada parâmetro. Assim, foi definido um critério para cada parâmetro e a técnica de eliminação foi executada nos 32 casos simulados até serem selecionados alguns PBRs adequados para a produção de microalgas.

As percentagens volumétricas de zonas mortas no modelo típico de PBR sem deflector também foram encontradas no fundo e perto das paredes do PBR. Assim, é altamente provável que a coagulação e a sedimentação das células ocorram nessas regiões. No entanto, concluiu-se que, com base no critério estabelecido, o caudal mínimo de ar no PBR investigado é de 0,10 vvm. Isto pode ser ajustado no cultivo real para eliminar as percentagens de volume das zonas mortas, no entanto, não deve exceder 0,15 vvm O efeito do diâmetro do tamanho do bocal mostrou influenciar significativamente o tempo médio de circulação. Isto é consistente com a análise do fluxo hidrodinâmico esperado, uma vez que o valor de entrada da velocidade do ar na simulação depende do diâmetro do bocal, especialmente quando os PBRs têm as mesmas taxas de fluxo de ar. Os resultados mostraram que, com base nos critérios estabelecidos para a seleção de PBRs adequados, é apropriado um diâmetro de bocal de 10 mm.

As regiões onde a morte celular é altamente suspeita devido às forças de cisalhamento também foram investigadas em termos de intensidade de turbulência avaliada como baixa turbulência ($\leq$ 1 %), turbulência moderada ($\geq$ 1 % $\leq$ 10 %) e alta turbulência ($\geq$ 10 %). Os resultados mostraram que as intensidades de turbulência são maiores nas zonas de interface água-ar confirmando ainda mais os resultados relatados por Camacho (2000) e Zhong e Yuan (2009). Foi observada uma turbulência moderada a elevada nas zonas de injeção, enquanto a turbulência baixa a moderada foi observada na região de subida das bolhas. Os resultados também foram utilizados na seleção do PBR adequado. Em termos de intensidade turbulenta, os PBRs com uma gama de turbulência baixa a moderada são preferíveis. Assim, com base na análise hidrodinâmica no interior dos PBRs, aplicando os 3 critérios estabelecidos, os casos A2B2C2 e A3B2C2 foram efetivamente escolhidos. Ambos os casos têm o mesmo diâmetro de bocal e a mesma geometria de PBR, que são considerados parâmetros de projeto, diferindo apenas no caudal de 0,10 e 0,15 vvm, que é um parâmetro operacional e pode ser facilmente ajustado durante o cultivo real de microalgas. Os resultados obtidos no cultivo efetivo de microalgas nos PBRs de 30 L são apresentados no capítulo seguinte.

Finalmente, pode concluir-se que a abordagem CFD demonstrou a sua capacidade de investigar a hidrodinâmica do fluxo no interior dos PBRs, o que pode resultar numa melhor conceção de PBRs eficientes e eficazes para o cultivo máximo de microalgas. A abordagem pode ser muito promissora na realização de projectos de investigação de PBRs, reduzindo significativamente o tempo de investigação, o trabalho e os recursos.

CAPÍTULO 6

6. Cultivo de *Chlorella vulgaris* em fotobiorreactores cilíndricos de coluna de bolhas de 30 L (PBR)

6.1. Introdução

Acredita-se que as microalgas têm potencial para serem a principal fonte de energia no futuro. Em análises de investigação recentes de Patil *et al.* (2008) e Chisti (2007), as microalgas demonstraram ser a única fonte de biodiesel renovável capaz de satisfazer a procura global de combustíveis para transportes, com potencial para substituir completamente a utilização de combustíveis fósseis. A produção de óleo alternativo a partir de microalgas não é nova; remonta aos anos 70, durante o susto do abastecimento de gás (Barkley *et al.*, 1987). No entanto, a continuação da investigação sobre a produção em massa e a extração de óleo foi temporariamente impedida durante esse período devido aos elevados custos de produção. Atualmente, perante a realidade do aumento da procura de energia e do rápido esgotamento das fontes de energia, é imperativo encontrar novas fontes de energia alternativas e a ideia da extração de óleo a partir de microalgas está novamente a ganhar muita atenção (Bitog *et al.*, 2011).

Nas últimas décadas, as microalgas têm sido amplamente estudadas para determinar os seus requisitos de crescimento para obter uma multiplicação e crescimento celular óptimos. Assim, os factores de crescimento como a intensidade da luz, o CO_2 e a temperatura são já conhecidos como sendo os principais factores que, quando a sua quantidade óptima é fornecida à cultura de algas, permite obter um crescimento máximo. A quantidade necessária destes factores varia consoante a espécie de microalga, o tipo de recipiente de cultivo e o volume do meio de cultura, etc. No entanto, de acordo com Fogg e Thake (1987), existem basicamente quatro fases razoavelmente bem definidas de crescimento de microalgas, particularmente em culturas descontínuas (**Fig. 6-1**). A fase 1 é conhecida como a fase de desfasamento, que normalmente pode durar alguns dias. Esta fase ocorre quando as culturas de algas são transferidas para um meio fresco, sob as mesmas condições de luz, temperatura e salinidade. A fase lag também ocorre quando a cultura é transferida de um conjunto de condições de crescimento para outro. A fase 2 é a fase exponencial em que se espera que as células se multipliquem exponencialmente em número. Assim, é nesta fase que a taxa de crescimento das microalgas está a ser medida. A taxa de crescimento é uma forma importante de expressar o sucesso ecológico relativo de uma espécie ou estirpe na adaptação ao seu ambiente natural ou ao ambiente experimental que lhe é imposto. A duração da fase exponencial nas culturas depende do tamanho da cultura, da taxa de crescimento e da capacidade do meio e das condições de cultura para suportar o crescimento das microalgas. Por vezes, ocorre um declínio do crescimento logo após a fase de crescimento exponencial.

Isto acontece quando o requisito para a divisão celular é limitado ou outra coisa está a inibir a reprodução. Neste período de crescimento, a biomassa é frequentemente muito elevada e a exaustão de um sal nutriente, a limitação do dióxido de carbono ou a limitação da luz tornam-se as principais causas do declínio do crescimento. Segue-se a fase estacionária (Fase 3), em que o crescimento líquido da célula é quase nulo e, numa questão de horas, as células podem sofrer alterações bioquímicas dramáticas, esperando-se um declínio logarítmico da taxa de crescimento. A fase de morte (fase 4) é a última fase em que o metabolismo celular já não pode ser mantido e a morte das células pode ser geralmente muito rápida, pelo que o termo "colapso da cultura" é frequentemente utilizado.

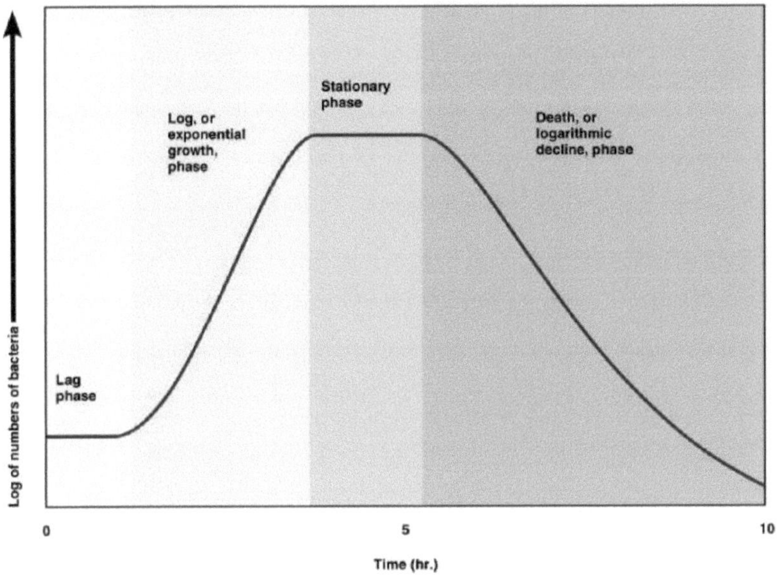

Fig. 6-1 Fases de crescimento das células de microalgas (Fonte: Pearson Education Inc., publicação de Benjamin Cummings, Copyright 2004).

Atualmente, as microalgas são cultivadas regularmente para outras utilizações igualmente importantes, como um suplemento alimentar saudável, uma vez que são completas em proteínas com aminoácidos essenciais que estão envolvidos em processos metabólicos como a produção de energia e de enzimas. São também utilizadas como agente estabilizador, particularmente em produtos lácteos, como fertilizante, como biofiltros para tratamento de águas residuais, etc. As microalgas também podem ser cultivadas para produzir biomassa, que pode ser queimada para produzir calor e eletricidade. O cultivo em massa de microalgas pode ser efectuado ao ar livre para tirar partido da disponibilidade de luz solar gratuita necessária para a fotossíntese, a fim de estimular o crescimento e a multiplicação das células. No entanto, o cultivo ao ar livre enfrenta desafios complexos para maximizar o potencial de crescimento das células. Assim, o cultivo em interiores com luzes artificiais tornou-se uma alternativa. Além disso, o cultivo em interior permite o controlo total do fornecimento às microalgas dos principais factores de crescimento para um crescimento celular máximo.

Foram publicados numerosos estudos laboratoriais sobre microalgas em que a atenção se centra no crescimento das algas influenciado pelas condições ambientais como a luz, a temperatura, o CO_2, a disponibilidade de nutrientes, etc. (Lee *et al.*, 2006; Scragg *et al.*, 2002; Park e Lee, 2000; Merchuk *et al.*, 1998; Tredici e Zittelli, 1998). A intensidade luminosa, o CO_2 e a temperatura óptimos a fornecer variam consoante a espécie, o meio de cultura, o tipo, a conceção e a dimensão do bioreactor, etc. Particularmente para a *Chlorella vulgaris*, a temperatura óptima comunicada situa-se entre 20-35 ^{O}C (Cassidy, 2011; Converti *et al.*, 2009; Chinnasamy *et al.*, 2009), o nível de CO_2 é inferior a 5-10% (Chinnasamy *et al.*, 2009; Mandalam e Palsson, 1988), enquanto a intensidade da luz varia significativamente entre 60 ~100 μ mol fotões m^{-2} s^{-1} (Seyfabadi *et al.*, 2011; Lv *et al.*, 2010). No entanto, estes valores comunicados não são conclusivos, especialmente quando se considera a produção em grande escala, em que o tamanho e a geometria do recipiente de produção são significativamente aumentados. Além disso, o cultivo de microalgas sob alta intensidade de luz próxima da luz natural ainda não foi relatado, o que, por razões práticas, deve ser desejado, especialmente quando se considera o cultivo de microalgas sob luz natural para minimizar o custo de produção.

Na cultura em interior, as microalgas são normalmente cultivadas em fotobiorreactores (PBR), um recipiente de crescimento onde a luz pode passar facilmente para o consumo das células. Os PBR mais típicos são os de coluna de bolhas, cilíndricos e rectangulares. Estes PBRs são geralmente simples no design, sem partes móveis, e muito fáceis de construir e operar (Bitog *et al.*, 2011).

Atualmente, os fotobiorreactores cilíndricos de coluna de bolhas (PBR) têm recebido uma enorme atenção por serem muito eficientes no cultivo de células fotossintéticas. Estes fotobiorreactores têm caraterísticas adequadas de transferência de calor e de massa e pensa-se que permitem obter a mistura mais eficiente e a maior transferência volumétrica de gás (Barbosa, 2003; Eriksen, 2008). Além disso, requerem um menor custo operacional devido aos baixos requisitos de entrada de energia (Bitog *et al.*, 2011). A geometria dos PBRs do tipo cilíndrico também maximizou a área de superfície onde a entrada de luz pode ser igualmente distribuída para o consumo celular, especialmente quando a luz é paralisada em torno do PBR. A operação e a gestão de PBRs do tipo coluna de bolhas também são muito simples. O gás é normalmente injetado no fundo propositadamente para maximizar o seu efeito de mistura em toda a coluna, ao mesmo tempo que proporciona mais tempo para a transferência de massa. O próprio gás reagente fornece a ação de agitação necessária para conduzir as interações gás-líquido e gás-líquido-sólido e a reação (Rampure *et al.*, 2007). No entanto, apesar das suas reconhecidas vantagens para a produção em massa, foram efectuados poucos estudos. Além disso, a maioria dos estudos sobre o crescimento e a produção de microalgas centra-se apenas em culturas de pequena escala. O cultivo de microalgas em grande escala é ainda limitado e apenas existem alguns estudos publicados. **A Tabela 6-1** apresenta um resumo de algumas pesquisas de laboratório sobre PBRs de coluna de bolhas cilíndricas. É óbvio que a maioria dos estudos laboratoriais se centrou nas caraterísticas hidrodinâmicas no interior dos PBR, tais como o seu desempenho em termos de crescimento, afetado pela densidade da cultura, mistura, forças de cisalhamento, etc. No entanto, a maximização do crescimento e da multiplicação de células em PBRs de maior escala ainda é limitada, o que justifica este estudo.

No Capítulo 5, demonstrou-se que a geometria do desenho dos PBRs é um dos factores mais importantes a considerar cuidadosamente para obter uma taxa de crescimento celular mais elevada e maximizar a produção de biomassa. Especialmente no caso da cultura em grande escala, a conceção é muito crítica, porque devem ser considerados vários factores, como a hidrodinâmica do fluxo no interior dos PBR. Estes factores hidrodinâmicos, tais como as percentagens de volume das zonas mortas, o tempo médio de circulação e a intensidade da turbulência foram investigados anteriormente em PBRs de 30 L através de simulação numérica e, entre os casos simulados, alguns foram recomendados para o cultivo real de microalgas.

Tabela 6-1 Lista resumida de investigações sobre microalgas cultivadas em fotobiorreactores cilíndricos típicos de coluna de bolhas.

PBR characteristics	Approximate culture volume in liters	Focus of the study	Reference/Year
Cylindrical column	21	Mass transfer and shear	Bannari *et al.*, 2011
Cylindrical column with centric tube and porous centric tube	4	Laboratory study on flow patterning high-density cultures of microalgae and carbon dioxide removal	Chui et al., 2009
Cylindrical column with centric tube	20	Local characteristics of hydrodynamics in the reactor	Lou and Al-Dahhan, 2008
Cylindrical column	3.6	Photoautotrophic high-density cultivation	Kaewpintong *et al.*, 2007
Cylindrical column	2.5	Determining the best specific light uptake rates for the lumostatic cultures	Lee et al., 2006
Cylindrical column	60	Mixing as a new approach to characterize dispersion coefficients	Rubio *et al.*, 2004
Cylindrical column	0.75	Shear stress of microalgae in sparged PBRs	Barbosa *et al.*, 2004
Cylindrical column	20	Experiment of the stirred tank photobioreactor for biohydrogen production	Ogbonna *et al.*, 1998

Por conseguinte, este estudo foi implementado para investigar a resposta de crescimento das células de microalgas a partir de PBRs cilíndricos de coluna de bolhas de 30 L de maiores dimensões, seguindo os parâmetros recomendados de conceção e funcionamento do PBR obtidos no Capítulo 5. Os resultados permitiriam cimentar ainda mais as conclusões obtidas com base na investigação numérica efectuada no Capítulo 5 através da dinâmica de fluidos computacional.

No entanto, antes do cultivo final de microalgas nos PBRs de 30 L, foram efectuadas experiências iniciais à escala laboratorial em PBRs de pequena dimensão para determinar o efeito da temperatura e do CO_2 no crescimento das microalgas. A temperatura e o nível de CO_2 recomendados, obtidos nos testes laboratoriais de pequena escala, foram fornecidos na cultura de 30 L. Vários estudos laboratoriais de pequena escala já foram publicados em termos do efeito da intensidade da luz no crescimento de microalgas, no entanto, a gama de intensidade de luz investigada é menor se o cultivo de microalgas sob luz solar livre for um dos objectivos. Assim, a gama de intensidade de luz recomendada na literatura não pode ser utilizada especialmente na produção em grande escala ao ar livre. Neste estudo, com o objetivo a longo prazo de cultivar algas no exterior e utilizar a luz solar livre, foi fornecida luz artificial com uma intensidade luminosa mais elevada, tentando imitar a intensidade luminosa em condições de luz do dia.

6.2. Materiais e métodos

6.2.1. Espécies de microalgas

A seleção da espécie de microalga utilizada neste estudo baseia-se nos seguintes factores: elevada produtividade lipídica, crescimento mais rápido para apoiar a produção comercial no futuro. Uma revisão das espécies de microalgas destinadas à produção de biodiesel foi apresentada por Sharma *et al.*, 2012, com várias abordagens para aumentar o teor lipídico da espécie e uma candidata promissora é a *Chlorella vulgaris*.

A Chlorella vulgaris foi escolhida neste estudo para o cultivo efetivo, tendo em conta o seu grande potencial como recurso para a produção de biodiesel. A Chlorella é uma microalga unicelular que cresce em lagos e lagoas de água doce. A sua cor é um verde profundo e brilhante, devido à sua elevada quantidade de clorofila. No entanto, de acordo com Illman *et al.*, (2000) e Spolaore *et al.*, (2006), o teor de lípidos na *Chlorella vulgaris* em condições gerais de crescimento é de até 20 ~ 30% em peso de biomassa seca, o que ainda não satisfaz os requisitos industriais padrão. Embora a espécie tenha um teor de óleo inferior de aproximadamente 28 ~ 32 % do peso seco (Chisti, 2007) em comparação com outras espécies, acredita-se que *a Chlorella vulgaris* tem um crescimento mais rápido e é fácil de cultivar.

6.2.2. Descrições dos PBRs utilizados na cultura de microalgas

Determinar o crescimento das microalgas no PBR de 30 L é o principal objetivo do estudo; no entanto, foram realizadas experiências iniciais em pequena escala para determinar o efeito da temperatura e do CO_2 no crescimento das células. O resultado será utilizado no cultivo das espécies de microalgas nos PBRs de 30 L. Para investigar o efeito da temperatura, foi utilizado um reator de balão de 250 mL, enquanto um PBR de coluna de 0,4 L feito de vidro foi utilizado para o teste de CO_2.

Os PBRs utilizados na cultura em grande escala foram um modelo típico de coluna de bolhas cilíndrica e um PBR de tipo melhorado com um meio de cultura de 30L. O PBR melhorado, recomendado no estudo de simulação, foi construído com um deflector interno, enquanto a geometria da parte inferior era saliente e concebida em forma de cone. Tal como referido no Capítulo 5, espera-se que o deflector interno melhore as caraterísticas hidrodinâmicas no interior do PBR adequado para a cultura de microalgas. Por exemplo, o deflector interno pode minimizar as zonas mortas e também pode proporcionar uma boa mistura no interior do PBR, aumentando igualmente o tempo médio de circulação. O desenho da geometria em forma de cone da parte inferior deve eliminar as zonas mortas no fundo, evitar a coagulação das células e minimizar a sua fixação no fundo dos PBR. O deflector interno é basicamente um tubo cilíndrico de acrílico aberto com um diâmetro interior de 85 mm e uma altura de 700 mm. O diâmetro interior dos PBR típicos e melhorados é de 185 mm e a altura é de 1400 mm e 1550 mm, respetivamente. A altura vertical da parte inferior em forma de cone do PBR melhorado é de 250 mm. A introdução de ar e CO_2 para o consumo das células é efectuada através de bolhas a partir da parte inferior dos PBRs. Os PBR foram rodeados por lâmpadas fluorescentes artificiais de 28 kW, estando 5 lâmpadas fluorescentes igualmente distribuídas por cada lado dos PBR, o que resultou no fornecimento de aproximadamente 560 kW de luz artificial. A distância entre os PBRs e as lâmpadas fluorescentes é de aproximadamente 150 mm. Os PBRs foram suportados por caixilhos quadrados de alumínio onde também foram instaladas as lâmpadas fluorescentes. A vista atual dos PBRs com instalações de luz é apresentada na **Fig. 6-2** e uma comparação da geometria do PBR típico e do PBR melhorado é apresentada na **Tabela 6-2**. Ambos os PBRs foram submetidos à mesma intensidade de luz e fornecidos com níveis iguais de CO_2 e sob a mesma temperatura durante toda a duração da experiência.

(a) (b)

Fig. 6-2 O PBR de coluna de bolhas típico (direita) e o PBR melhorado (esquerda) utilizado nas duas experiências sucessivas, (a) vista no início da experiência e quando a luz está desligada e (b) vista no fim da experiência e quando a luz está ligada.

Tabela 6-2 Comparação entre o PBR típico e o melhorado onde são cultivadas células *de Cholera vulgaris*.

Characteristics	Typical PBR	Upgraded PBR
Design geometry	Without Baffle and the bottom part is flat	With Baffle and the bottom part is protruded (cone-shaped)
Nozzle size	10 mm	10 mm
Air flow rate	0.10 vvm	0.10 vvm
Culture medium height	1050 mm	1110 mm
PBR diameter	185 mm	185 mm
Baffle diameter	-	85 mm
Baffle height	-	700 mm
Light intensity	Equally supplied with 20pcs of 28kW Fluorescent light	
Temperature	15 ~ 25 °C	15 ~ 25 °C
CO_2	Under 10% level	Under 10% level
Initial cell concentration	Approximately 0.5 g L^{-1} and 2.0 g L^{-1} for Experiments 1 and 2, respectively	

6.2.3. Primeiras experiências sobre o efeito da temperatura e do CO_2

O conjunto de experiências para investigar o efeito da temperatura e do CO_2 no crescimento de *Chlorella vulgaris* num balão de 250 mL e num PBR com bolhas de 0,4 L, respetivamente, foi inicialmente conduzido num meio de cultura Modified Bold's Basal seguindo Choi *et al.* (2003); Pruvost *et al.* (2009). As temperaturas consideradas foram 10, 15, 20 e 25 ^{0}C para o primeiro ensaio e 30, 35, 40 e 45 ^{0}C para o segundo ensaio, enquanto para a experiência com CO_2, foram investigados níveis de CO_2 de 0,035 (ar), 3, 7 e 10 %. Foram efectuadas duas experiências separadas para determinar o efeito da temperatura de 15 ~ 45 ^{0}C, uma vez que a disponibilidade de câmaras de crescimento está limitada a quatro unidades. As câmaras de crescimento utilizadas na experiência são incubadoras de agitação (Modelo VS 8480 SF, Coreia do Sul) que também fornecem mistura no balão de 240 mL. No entanto, foram efectuados os mesmos procedimentos experimentais nos dois conjuntos de experiências de temperatura. A temperatura no interior das câmaras de crescimento pode ser completamente mantida a partir das definições da unidade; no entanto, não é possível o fornecimento de CO_2 no interior da câmara. Assim, apenas o efeito da temperatura no crescimento das microalgas é investigado nesta configuração. A luz artificial de uma lâmpada fluorescente comercial foi fornecida à câmara de crescimento com uma intensidade de luz de cerca de 70±1 μ E m^{-2} s^{-1}.

A experiência laboratorial para determinar o efeito do CO_2 no crescimento de microalgas foi realizada numa sala onde a temperatura é mantida através de uma unidade de ar condicionado. A temperatura ambiente recomendada para as microalgas, que foi determinada nas experiências de temperatura, foi mantida durante a realização da experiência. A luz também foi fornecida em ambos os lados do PBR com a mesma leitura de intensidade luminosa de 70±1 μ E m^{-2} s^{-1}. A mistura é realizada através de bolhas introduzidas na parte inferior do PBR com um caudal de 0,10 vvm.

As experiências sucessivas sobre temperatura e CO_2 foram realizadas no Departamento de Engenharia Biológica da Universidade de Inha, Incheon, Coreia, que também forneceu a espécie de chlorella utilizada no ensaio. O nível de pH inicial do meio de cultura foi preparado em 6,5 ~ 7,0 e o diâmetro das células foi de 0,22 μm. A concentração inicial de células utilizada em todas as experiências é de aproximadamente 1,0 x 10^{6} mL^{-1}. O meio de crescimento foi inicialmente infiltrado para remover bactérias e outros microrganismos indesejáveis com mais de 0,22 μm de tamanho. O número de células, o tamanho e o peso fresco das células foram medidos utilizando um contador automático de células (Beckman Coulter, Z™ Series COULTER COUNTER® Cell and Particle Counter, EUA) diariamente até à conclusão da experiência, enquanto o pH de crescimento foi medido através de um medidor de pH portátil (Omega Modelo PHH-65A, EUA). Com base nos resultados, foi calculada a concentração celular diária e a taxa de crescimento específica.

Espera-se que o crescimento específico máximo das células seja obtido durante a fase de crescimento exponencial, em que a taxa de aumento de células por unidade de tempo é proporcional ao número de células presentes na cultura (Wood *et al.*, 2005). Em termos simples, o crescimento da população de células segue a Eq. (6-1), em que a solução de N é apresentada na Eq. (6-2). Com base na concentração de células, a taxa de crescimento específico de foi calculada utilizando a equação padrão para o crescimento exponencial das células, como se mostra na Eq. (6-3), que afirma que a taxa de aumento das células por unidade de tempo é proporcional ao número de células presentes no início de qualquer unidade de tempo (Wood *et al.*, 2005).

$$\frac{dn}{dt} = rN \qquad (6\text{-}1)$$

$$N_t = N_o e^{rt} \qquad (6\text{-}2)$$

$$r = \frac{\ln\left(N_t/N_o\right)}{\Delta t} = \frac{\ln N_t - \ln N_o}{\Delta t} \qquad (6\text{-}3)$$

6.2.4. Configuração experimental e metodologia para o cultivo de microalgas no PBR de 30 L

A cultura *Chlorella vulgaris* cultivada nos PBR de 30 L foi recolhida no laboratório da Divisão de Investigação de Biossistemas do Instituto de Investigação de Biociências e Biotecnologia da Coreia (KRIBB), Daejeon, Coreia do Sul. As algas foram inicialmente cultivadas num tanque até se dispor de uma quantidade suficiente para o cultivo de algas com aproximadamente 30 L de meio de cultura em cada PBR. A experiência foi montada na cave da

Faculdade de Agricultura e Ciências da Vida CALS) na Universidade Nacional de Seul (SNU), Seul, Coreia do Sul. A montagem da experiência implica muito tempo, em especial a instalação de medidores de caudal de ar, de um regulador de CO_2 e a realização de ligações apertadas entre o reservatório de CO_2 e a bomba de ar e os PBRs. O nível de fornecimento de CO_2, bem como os caudais de ar, foram controlados utilizando medidores de caudal instalados em cada PBR, que foram cuidadosamente ligados com tubos Tygon. Cada PBR foi instalado com dois medidores de caudal que regulam a entrada de CO_2 e de ar no interior dos PBR. Os PBRs foram cuidadosamente inspeccionados quanto a fugas, testando-os inicialmente com água da torneira e as juntas onde ocorreram fugas foram seladas com epóxi de alta resistência. A resistência dos PBRs foi também testada vertendo uma quantidade suficiente de água no PBR durante um determinado período de tempo e verificando se este consegue sustentar constantemente a pressão exercida pelo meio de cultura durante toda a duração da experiência.

Foram realizados dois conjuntos de experiências laboratoriais de 26 de setembro a 16 de outubro de 2012. A experiência 1 foi realizada em 10 dias, enquanto a experiência 2 durou 8 dias. O primeiro experimento começou de 26 de setembro a 05 de outubro com uma concentração inicial de biomassa de aproximadamente 0,5 g L^{-1}, enquanto o segundo experimento começou de 6 a 13 de outubro, onde a concentração inicial de biomassa era de aproximadamente 2,0 g L^{-1}. As microalgas foram cultivadas em meio de cultura N-8, de acordo com Lee e Palsson (1994); Lee e Lee (2001), e incluíam 1,0 g L^{-1} de KNO_3, 0,74 g L^{-1}de KH_2PO_4, 0,21 g L^{-1}de Na_2HPO_4, 0,05 g L^{-1}de $MgSO_47H_2O$, 0,0132 g L^{-1} de $CaCl_22H_2O$, 0,01 g L^{-1} de Fe-Na EDTA. O meio N8 é normalmente utilizado para a cultura de *Chlorella vulgaris* devido à sua capacidade de suportar culturas de alta densidade com base na composição estequiométrica elementar das algas (Mandalam e Palsson, 1998). O meio tem também uma solução de metais vestigiais de 12,98 µg L^{-1} de $MnCl_24H_2O$, 3,2 µg L^{-1} de $ZnSO_47H_2O$, 1,83 µg L^{-1} de $CuSO_45H_2O$ e 1,84 µg L^{-1} de $Al_2(SO_4)_3$.

Todos os dias, à mesma hora, foram colhidas amostras de aproximadamente 50 mL nas partes superior, média e inferior dos PBRs. As amostras foram pesadas imediatamente após a amostragem e o conteúdo de biomassa das amostras recolhidas foi estimado gravimetricamente utilizando o Total

Sólido Suspenso (TSS) num papel de filtro Whatman GF/C de 47 mm de diâmetro. Os filtros utilizados no teste foram inicialmente secos durante a noite num recipiente com gel de sílica e pesados antes de serem utilizados para filtrar as amostras recolhidas. O peso húmido do papel de filtro foi determinado depois de se ter deixado passar água através dele utilizando uma bomba de sucção num recipiente especializado. Imediatamente após a determinação do peso húmido do papel de filtro, as amostras foram vertidas no recipiente e forçadas a passar através do filtro húmido utilizando a mesma bomba de sucção. As células e o teor de água das amostras são então separados, ficando as células no papel de filtro, cujo peso é imediatamente medido. A diferença de peso entre o papel de filtro húmido e o papel de filtro húmido com células dá uma estimativa do teor de biomassa ou do peso fresco das células. Após a medição do peso, as amostras são colocadas durante a noite numa caixa com sílica gel para secagem e pesadas no dia seguinte para obter uma estimativa do peso das células secas. O mesmo procedimento foi efectuado em todas as amostras recolhidas na parte superior, média e inferior de cada PBR.

6.3. Resultados e discussão

6.3.1. Efeito da temperatura no crescimento de *Chlorella vulgaris*

A concentração celular diária de *Chlorella vulgaris* obtida sob temperaturas variadas de 10, 15, 20 e 25 ^{0}C é apresentada na **Fig. 6-3** e sob temperaturas de 25, 30, 35 e 40 ^{0}C é apresentada na **Fig. 6-4.** As experiências foram terminadas quando se observou que as taxas de crescimento calculadas estavam a diminuir. Após 5 dias de cultivo, o crescimento celular afetado pela temperatura é muito óbvio, sendo que a temperatura de 25 ^{0}C apresentou a concentração mais elevada, seguida da temperatura de 20 ^{0}C na primeira experiência, enquanto as temperaturas de 30 e 35 ^{0}C apresentaram concentrações mais elevadas na segunda experiência. As temperaturas de 10, 15, 35, 40 ^{0}C revelaram obviamente concentrações celulares mais baixas, enquanto que o pior foi obtido quando a temperatura foi fixada em 45 ^{0}C, o que efetivamente matou as células, tendo-se assim observado uma concentração celular decrescente.

A taxa de crescimento celular específico calculada por dia de *Chlorella vulgaris*, afetada pela temperatura, é apresentada na **Tabela 6-3**. O crescimento específico mais elevado foi obtido no dia 3, quando a temperatura era de 30 ^{0}C, com um valor de 1,07 dia^{-1}. Durante os 5 dias de cultivo, a taxa média de crescimento sob temperaturas de 20, 25, 30 e 35 ^{0}C é comparável e foi calculada como sendo 0,54, 0,64, 0,66 e 0,67 dia^{-1}, respetivamente. Os resultados obtidos estão em consonância com estudos anteriores, tais como (Cassidy, 2011; Converti *et al.*, 2009; Chinnasamy *et al.*, 2009), em que o maior crescimento de células de microalgas pode ser obtido numa gama de temperaturas entre 20 ~ 35 ^{0}C. Assim, considerando também a complexidade da configuração do cultivo de *Chlorella vulgaris*, especialmente em sistemas de produção em grande escala, podem ser recomendadas temperaturas entre 20 ~ 35 ^{0}C.

6.3.2. O efeito do CO_2 no crescimento de *Chlorella vulgaris*

A concentração celular diária de *Chlorella vulgaris* obtida sob níveis variados de CO_2 e cultivada num PBR de 0,4 L é apresentada na **Fig. 6-5.** O aumento significativo da concentração celular é muito evidente à medida que a quantidade de CO_2 fornecida às células aumenta. As concentrações diárias de células com um nível de 10% de CO_2 registaram um crescimento exponencial do dia 2 ao dia 5. A mesma observação pode ser feita com um nível de CO_2 de 7 %, mas significativamente mais baixo do que com um nível de CO_2 de 10 %. As concentrações diárias de células a 0,035 % (ar) e a 3 % apresentaram consistentemente valores significativamente mais baixos e ainda não atingiram a fase de crescimento exponencial. A taxa de crescimento celular específica calculada por dia da *Chlorella vulgar*, afetada pela quantidade de CO_2 fornecida no PBR, é apresentada na **Tabela 6-4**. A taxa de crescimento específico mais elevada foi observada no Dia 3 com níveis de CO_2 de 10 %, com aproximadamente 1,99 dia^{-1}. Os dias 1 e 2 com o mesmo nível de CO_2 também registaram uma taxa de crescimento específico mais elevada, com aproximadamente 1,62 e 1,82 dia^{-1}, respetivamente. Após 8 dias de cultivo no PBR de 0,4 L, as taxas médias de crescimento específico sob níveis de CO_2 de 0,035 % (ar), 3 %, 7 % e 10 % foram de 0,44, 0,51, 0,61, 0,97 dia^{-1}, respetivamente. Para além da análise quantitativa, a **Fig. 6-6** apresenta uma comparação visual do efeito do CO_2 no crescimento das células no início, a meio e no último dia da experiência laboratorial. Comparando as taxas de crescimento específicas diárias obtidas para as experiências com temperatura e CO_2, as taxas de crescimento específicas obtidas na experiência com CO_2 são significativamente mais elevadas, especialmente quando a quantidade de CO_2 é aumentada. Este facto é esperado, uma vez que a temperatura recomendada para o crescimento das células foi fornecida na experiência com CO_2, enquanto que na experiência com temperatura não foi fornecida qualquer quantidade de CO_2. Uma vez que o fornecimento de CO_2 é um dos principais factores de crescimento das microalgas, no cultivo em maior escala nos PBRs de 30 L, será fornecido às células um nível inferior a 10% de CO_2.

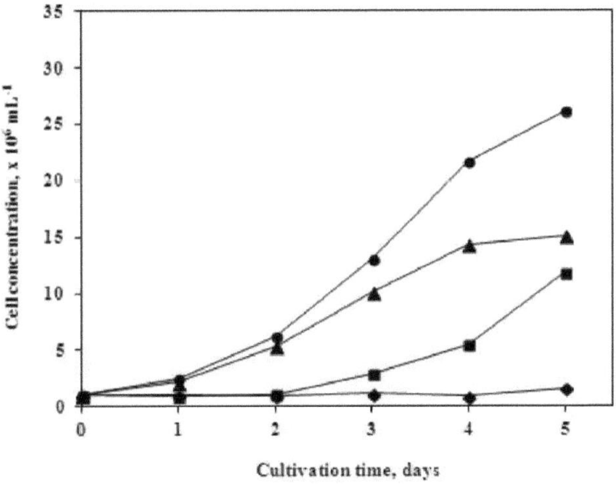

Fig. 6-3 A concentração celular diária de *Chlorella vulgaris* obtida a temperaturas variadas de 10 - 25 ^{0}C (♦ - 10,"- 15, A- 20, ·- 25).

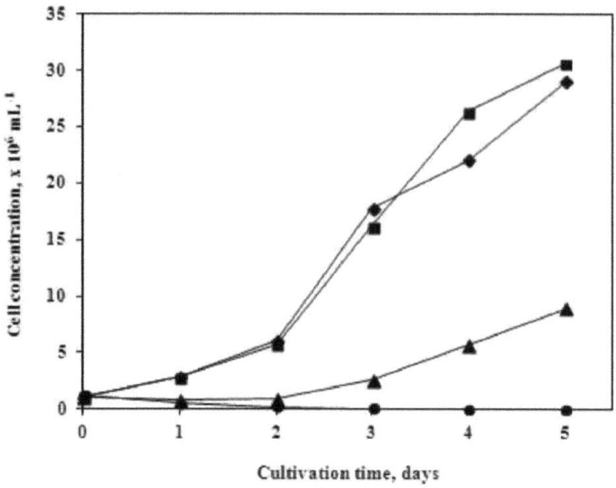

Fig. 6-4 A concentração celular diária de *Chlorella vulgaris* obtida a temperaturas variadas de 25 - 45 ⁰C (♦ - 30,≡ - 35, A- 40, ·- 45).

Tabela 6-3 Taxa de crescimento específico calculada de *Chlorella vulgaris* a temperaturas variadas.

Temperature, °C	Specific cell growth rate, day⁻¹					
	Day 1	Day 2	Day 3	Day 4	Day 5	Average
10	0.03	-0.09	0.21	-0.27	0.57	**0.09**
15	-0.13	0.19	0.99	0.64	0.78	**0.49**
20	0.76	0.90	0.64	0.36	0.05	**0.54**
25	0.85	0.92	0.74	0.51	0.19	**0.64**
30	0.98	0.75	1.07	0.22	0.27	**0.66**
35	0.96	0.71	1.04	0.49	0.15	**0.67**
40	-0.33	0.11	0.68	0.79	0.45	**0.42**
45	-0.81	-0.94	-1.35	-2.55	0.00	**-1.13**

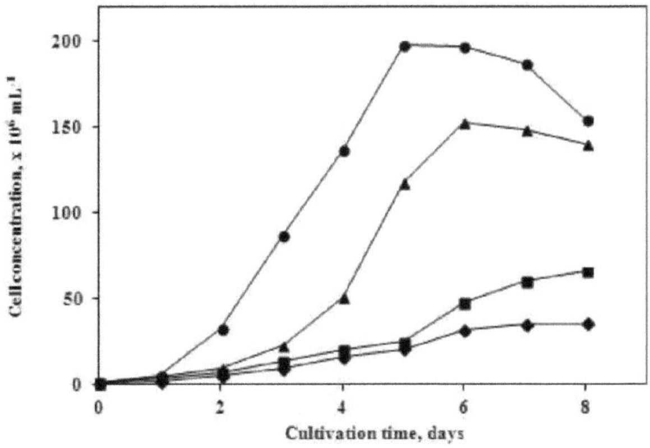

Fig. 6-5 A concentração celular diária de *Chlorella vulgaris* obtida em níveis variados de CO_2 (♦ - ar, ■ - abaixo de 3 %,A- abaixo de 7 %, ·- abaixo de 10 %).

Tabela 6-4 Taxa de crescimento calculada de *Chlorella vulgaris* a diferentes níveis de CO_2.

CO_2 level	Specific cell growth rate, day^{-1}								
	Day1	Day2	Day3	Day4	Day5	Day6	Day7	Day8	Ave.
0.035 %	0.71	0.88	0.64	0.54	0.24	0.44	0.10	0.01	**0.44**
Under 3 %	1.26	0.57	0.72	0.39	0.19	0.66	0.23	0.09	**0.51**
Under 7 %	1.38	0.87	0.85	0.80	0.84	0.26	-0.08	-0.06	**0.61**
Under 10%	1.62	1.82	1.99	1.45	1.36	-0.09	-0.15	-0.25	**0.97**

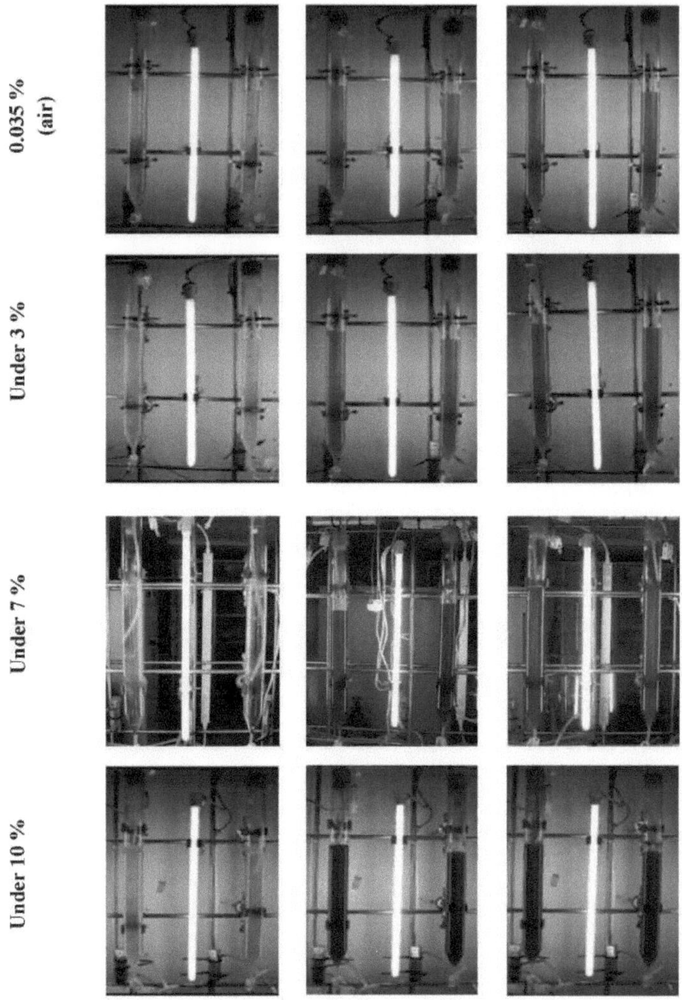

Fig. 6-6 Comparação visual do crescimento de *Chlorella vulgaris* desde o início, a meio e no último dia da experiência com diferentes níveis de fornecimento de CO_2.

6.3.3. Cultivo em PBRs de 30 L

A comparação do crescimento obtido no cultivo real de microalgas nos PBRs de 30 L é o objetivo do estudo. No entanto, outros factores igualmente importantes que podem contribuir para a obtenção do crescimento máximo das células são inicialmente apresentados aqui, tais como o efeito real do caudal e da mistura que foram investigados anteriormente. As caraterísticas da mistura no interior dos PBRs também foram discutidas com base na concentração de biomassa medida diariamente durante o cultivo atual.

6.3.3.1. Caudal de ar no PBR de 30 L

No capítulo 5, as investigações hidrodinâmicas mostraram que o caudal de ar tem uma influência significativa em termos das percentagens de volume das zonas mortas nos PBR. Suspeita-se que as zonas mortas são um fator importante para a sedimentação e a coagulação das células. Para o provar, podem ser facilmente realizadas experiências com caudais variados no cenário real. Isto também confirmará inicialmente o caudal mínimo de ar encontrado no Capítulo 5, que é suficiente para causar o movimento do meio de cultura, ao mesmo tempo que minimiza a sedimentação das células na parte inferior dos PBRs. Assim, ambos os PBRs foram inicialmente abastecidos com células com uma concentração de biomassa de aproximadamente 3,0 g L^{-1} e, em seguida, foi injetado ar a taxas de fluxo de ar variadas de 0,05, 0,10, 0,15 e 0,20 vvm, o que corresponde a 1,5, 3,0, 4,5 e 6,0 L min^{-1}, respetivamente, durante algumas horas em cada taxa de fluxo. Os resultados mostraram que, com um caudal de ar de 0,05 vvm, uma quantidade significativa de biomassa do meio de cultura se depositou facilmente no fundo, enquanto alguma se fixou nas paredes do PBR, especialmente no caso do modelo típico. Esta observação pode ser facilmente observada na **Fig. 6-7**, comparando os dois PBRs. A região onde as células se fixaram, particularmente no fundo e nas paredes, está destacada. A maior parte das células também se fixou na parte inferior do PBR típico, pelo que a parte superior é vista como sendo mais transparente. Este facto não é observado no PBR melhorado. Com base na observação visual, o design em forma de cone saliente da parte inferior do PBR melhorado demonstrou eliminar as zonas mortas, pelo que não se observa qualquer sedimentação de biomassa. O aumento do caudal de ar para 0,10 vvm demonstrou visualmente que impediu a sedimentação da biomassa no fundo e também impediu que a biomassa se fixasse nas paredes, particularmente no PBR típico. Observou-se também que a taxa de fluxo é suficiente para instilar o movimento do fluido dentro do PBR. Aumentar ainda mais o caudal de ar para 0,15 e 0,20 vvm demonstrou causar significativamente uma maior turbulência no interior do PBR; no entanto, tal como discutido no Capítulo 5, pode suspeitar-se cuidadosamente que este valor é demasiado elevado para que as células possam conter o efeito de cisalhamento devido à elevada turbulência. Por conseguinte, com base nos resultados destes testes iniciais, os dois conjuntos de experiências seguintes utilizaram um caudal de ar de 0,10 vvm tanto no PBR típico como no PBR melhorado. No PBR melhorado, com um caudal de ar de 0,10 vvm e um diâmetro de bocal de 10 vvm, este caso cai efetivamente para o caso A2B2C2, que é também um dos casos recomendados no Capítulo 5.

Typical PBR Upgraded PBR

Fig. 6-7 Efeito do caudal de ar nas caraterísticas do fluxo e na sedimentação das células no fundo dos PBRs.

6.3.3.2. Análise da mistura no PBR de 30 L

A concentração de biomassa medida separadamente nas partes superior, intermédia e inferior dos PBR pode ser cuidadosamente analisada e correlacionada com as caraterísticas de mistura no interior dos PBR. **As Figs. 6-8 e 6-9** apresentam a concentração estimada de biomassa medida particularmente para o PBR típico e o PBR melhorado, respetivamente, para a Experiência 1. Desde o início da experiência até ao dia 2, a concentração inicial de biomassa medida na parte superior, média e inferior do PBR registou uma quantidade quase igual de concentração de biomassa para ambos os PBR. Portanto, pode-se supor que o conteúdo de biomassa dentro dos PBRs foi distribuído igualmente. No entanto, a biomassa

As concentrações de biomassa medidas a partir do Dia 4 mostraram resultados diferentes. A concentração de biomassa difere significativamente no PBR típico, onde os valores mais altos foram obtidos na seguinte ordem, na parte inferior, média e superior do PBR. Por conseguinte, pode presumir-se sensatamente que a mistura durante este período de cultivo para o PBR típico não é suficiente para obter uniformidade no interior do PBR típico. Em contraste, as concentrações de biomassa medidas nos vários locais do PBR melhorado mostraram valores quase iguais durante toda a duração da experiência. Também foram encontrados resultados semelhantes na Experiência 2, em que a concentração de biomassa obtida na parte inferior do PBR típico registou valores mais elevados em comparação com a concentração de biomassa obtida no meio e no topo do PBR, enquanto não foram observadas diferenças significativas de concentração de biomassa em termos de locais de amostragem para o PBR melhorado. Estes resultados podem de alguma forma levar-nos a concluir que a mistura no PBR melhorado é significativamente melhorada em comparação com o PBR típico, o que pode ser atribuído à geometria em forma de cone da parte inferior do PBR e ao deflector interno instalado. Pode presumir-se que o fluxo do meio de cultura no PBR melhorado é mais uniforme em termos de movimento, partindo do fundo e subindo até ao cilindro interior (deflector) e, em seguida, fazendo um ciclo descendente a partir do topo até à parte exterior do cilindro interior.

6.3.3.3. Concentração de biomassa e taxa de crescimento específico

A concentração de biomassa de *Chlorella vulgaris* medida a partir do tipo de coluna cilíndrica de bolhas típica e melhorada para a Experiência 1 é apresentada na **Fig. 6-10**. A diferença na concentração de biomassa é muito óbvia, pois o crescimento das microalgas da PBR melhorada atingiu aproximadamente 11,96 g L^{-1}, enquanto na PBR típica o crescimento só atingiu aproximadamente 5,26 g L^{-1} durante os 10 dias de cultivo. A concentração média de biomassa para o PBR típico e o PBR melhorado, calculada desde o primeiro dia até ao pico de crescimento, por exemplo, até ao décimo dia no PBR típico e até ao nono dia no PBR melhorado, foi de 2,27 e 5,62 g L^{-1}, respetivamente, registando um aumento do teor de biomassa de aproximadamente 148 % quando cultivado com o PBR melhorado

PBR. Desde o início do cultivo até ao dia 3, a concentração de biomassa obtida de ambos os PBRs mostrou um aumento mínimo no crescimento, o que pode ser assumido que as células estão na sua fase de adaptação. O Dia 3 ao Dia 7 (28 de setembro - 2 de outubro) é obviamente a fase de crescimento exponencial das células de microalgas cultivadas no PBR melhorado. No entanto, os resultados medidos no PBR típico mostram apenas um ligeiro aumento do crescimento, em que um tipo exponencial de multiplicação celular é menos observado.

Os resultados obtidos na Experiência 2 mostraram a mesma tendência de crescimento, apesar da maior concentração inicial de biomassa, como mostra a **Fig. 6-11.** A concentração média de biomassa para o PBR típico e para o PBR melhorado, calculada a partir do Dia 1 até ao pico de crescimento, por exemplo até ao Dia 7 no PBR típico e até ao Dia 8 no PBR melhorado, foi de 3,10 e 6,62 g L^{-1}, respetivamente, registando um aumento do teor de biomassa para aproximadamente 114 % quando cultivado com o PBR melhorado. Ambas as experiências apresentaram uma concentração máxima de biomassa quase semelhante no final do cultivo. A concentração máxima de biomassa estimada para a Experiência 2 para os PBR típicos e melhorados foi de 5,65 e 11,77 g L^{-1}, respetivamente, o que é quase o mesmo que as concentrações máximas de biomassa obtidas na Experiência 1. Considerando a concentração média global de biomassa das duas experiências sucessivas, o PBR típico e o melhorado registaram uma concentração de biomassa de aproximadamente 2,68 e 6,09 g L^{-1}, respetivamente, indicando um aumento de aproximadamente 127 % na utilização do PBR melhorado.

Relativamente às taxas de crescimento específico, os resultados calculados são apresentados nos **Quadros 6-5 e 6-6** para as Experiências 1 e 2, respetivamente. A comparação das taxas de crescimento específico diárias mostrou que os valores são sempre mais elevados quando calculados a partir do PBR melhorado em comparação com o tipo típico em ambas as experiências. Para a Experiência 1, a taxa de crescimento específico mais elevada foi obtida no dia 4 no tipo típico e calculada como sendo 2,21 dia^{-1}, o que é inferior ao valor de 2,58 dia^{-1} para o PBR melhorado, que também foi obtido no mesmo dia. Para a Experiência 2, o valor mais elevado foi obtido no Dia 5 para o PBR típico, com uma taxa de crescimento específico de 1,28 dia^{-1}, enquanto o PBR melhorado registou a sua taxa de crescimento específico mais elevada, de 1,56 dia^{-1}, obtida no Dia 3. Por conseguinte, em termos de concentração de biomassa e da taxa de crescimento específico calculada, pode concluir-se que o PBR O PBR atualizado é significativamente mais eficaz para a cultura de células de microalgas, o que confirma a análise hidrodinâmica efectuada anteriormente no estudo de simulação numérica no Capítulo 5.

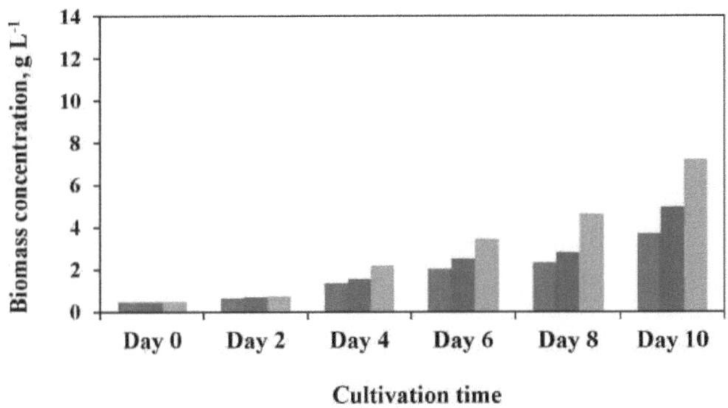

Fig. 6-8 Concentração de biomassa medida na parte superior, média e inferior do PBR típico na Experiência 1. (As barras azuis, vermelhas e verdes representam a parte superior, média e inferior do PBR, respetivamente).

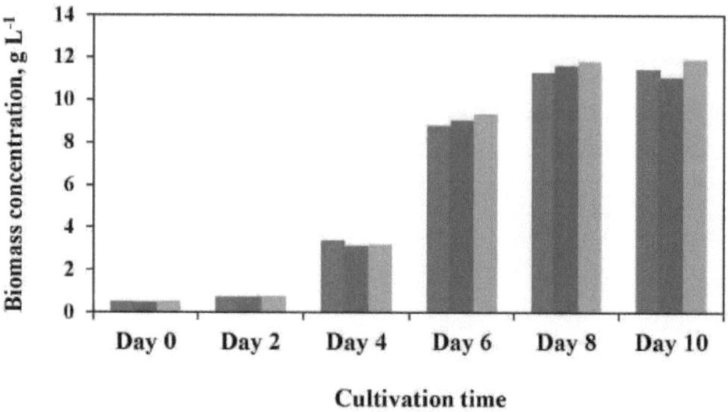

Fig. 6-9 Concentração de biomassa medida na parte superior, média e inferior do PBR melhorado na Experiência 1 (as barras azuis, vermelhas e verdes representam a parte superior, média e inferior do PBR, respetivamente)

Calculando a produtividade média dos PBRs das duas experiências sucessivas, considerando as suas concentrações médias de biomassa e as taxas médias de crescimento específico, o PBR típico tem uma produtividade de aproximadamente 3,48 g L^{-1} dia^{-1}, enquanto o PBR melhorado é de 8,23 g L^{-1} dia^{-1}. Isto representa um aumento da produtividade da biomassa de aproximadamente 127 %. A comparação das produtividades de biomassa da literatura disponível mostrou que as produtividades obtidas com os PBRs de 30 L deste estudo são significativamente mais elevadas. Por exemplo, Ugwu *et al.*, (2002) relataram uma produtividade de biomassa de 1,47 g L^{-1} dia^{-1} para *Chlorella sorokiniana* obtida num PBR tubular inclinado. Produtividades de biomassa mais elevadas são obtidas para outras espécies de microalgas, como *Phaeodactylum tricomutum* cultivada num PBR de 200 L com aproximadamente 1,9 g L^{-1} dia^{-1} (Molina *et al.*, 2001) e *Arthrospira platensis* com uma produtividade de 2,70 g L^{-1} dia^{-1} cultivada num PBR tubular de 11 L.

A comparação visual do crescimento de células de microalgas nos PBRs de 30 L também é apresentada na **Fig. 6-12**, particularmente para a Experiência 1. Uma diferença específica na cor do meio de cultura e das amostras recolhidas pode ser significativamente distinguida entre os PBRs típicos e os melhorados de ambas as experiências.

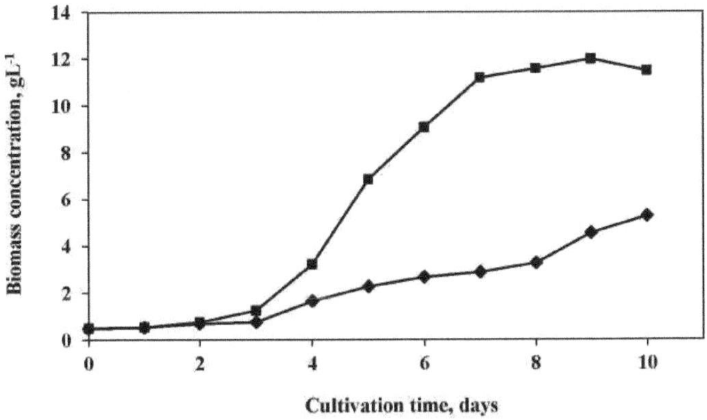

Fig. 6-10 Concentração de biomassa de *Chlorella vulgaris* obtida para o experimento 1 (-♦-: PBR típico; -■-: PBR melhorado).

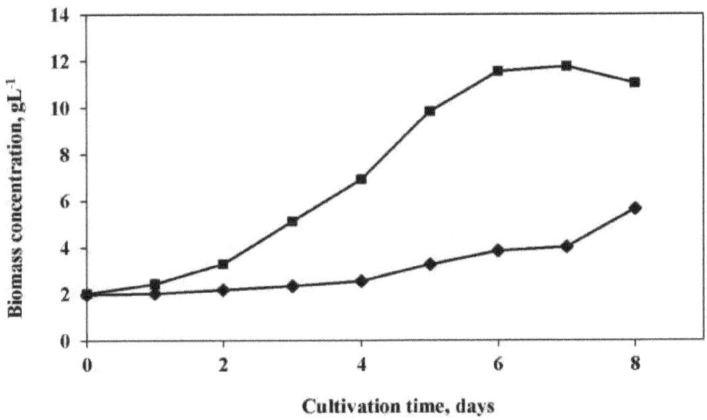

Fig. 6-11 Concentração de biomassa de *Chlorella vulgaris* obtida para o experimento 2 (-♦-: PBR típico; -■-: PBR melhorado).

Tabela 6-5 Taxa de crescimento específico diário calculado de *Chlorella vulgaris* cultivada no PBR de 30 L para a Experiência 1.

PBR type (Exp. 1)	Specific cell growth rate, day^{-1}										
	Day1	Day2	Day3	Day4	Day5	Day6	Day7	Day8	Day9	Day10	Ave.
Typical PBR	1.10	1.31	1.09	2.21	1.37	1.17	1.08	1.13	1.40	1.16	**1.32** (Day 1-9)
Upgraded PBR	1.08	1.37	1.67	2.58	2.13	1.32	1.23	1.03	1.04	0.96	**1.44** (Day 1-10)

Tabela 6-6 Taxa de crescimento específico diário computado de *Chlorella vulgaris* cultivada nos PBRs de 30 L para a Experiência 2.

PBR type	Specific cell growth rate, day^{-1}								
(Exp. 2)	Day 1	Day 2	Day 3	Day 4	Day 5	Day 6	Day 7	Day 8	Ave.
Typical PBR	1.02	1.08	1.08	1.09	1.28	1.18	1.04	0.88	**1.11** (Day 1-7)
Upgraded PBR	1.20	1.36	1.56	1.35	1.42	1.17	1.02	0.94	**1.25** (Day 1-8)

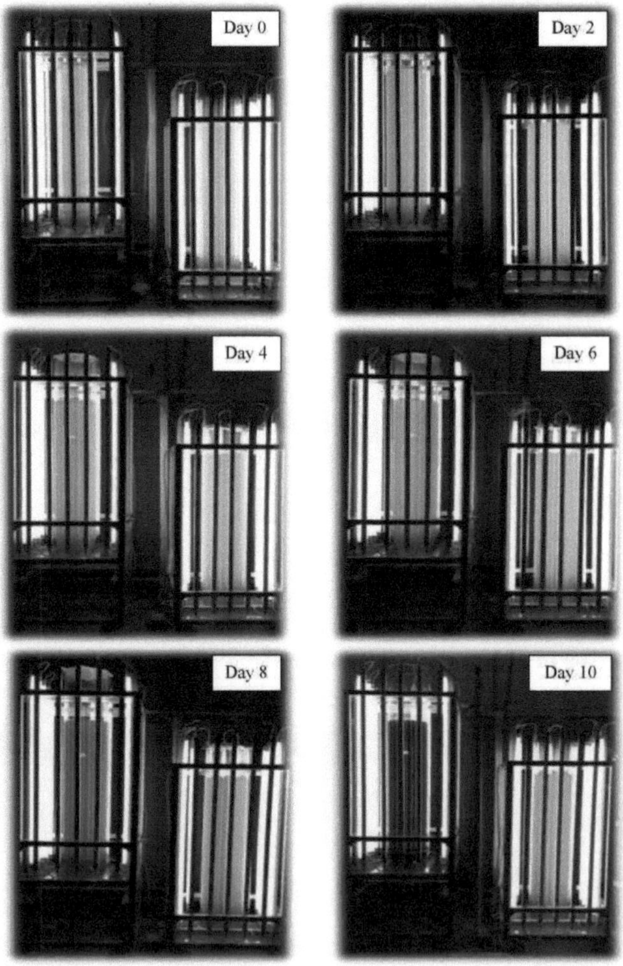

Fig. 6-12 Visualização do crescimento da *Cholera vulgaris* cultivada nos PBRs para a Experiência 1 (lado esquerdo: PBR melhorado; lado direito: PBR de tipo típico).

6.4. Conclusões

Na perspetiva da engenharia, a configuração estrutural e o design dos PBRs têm um papel crítico na hidrodinâmica do fluxo, que também é importante para proporcionar condições ideais de crescimento para as células. Assim, neste estudo, *a Chlorella vulgaris* foi cultivada em PBRs de coluna de bolhas cilíndricas de 30 L de meio de cultura e a investigação centrou-se na comparação da concentração de biomassa das células de algas numa conceção típica de PBR versus uma conceção melhorada recomendada a partir da investigação numérica efectuada no Capítulo 5.

O PBR melhorado foi construído com um deflector interno para melhorar a circulação do meio de cultura no interior do PBR. Do mesmo modo, a geometria da parte inferior do PBR melhorado era saliente e com uma forma de cone vertical para eliminar as zonas mortas e, por sua vez, evitar a sedimentação e a coagulação das células no fundo do PBR. Ambos os PBRs foram injectados com níveis iguais de CO_2 e continuamente alimentados com aproximadamente 560 kW de luz a partir de 20 unidades de lâmpadas fluorescentes de 28 kW que foram instaladas em todos os lados em torno dos PBRs.

Foram efectuadas duas experiências sucessivas, tendo a Experiência 1 sido concluída em 10 dias de cultura e a Experiência 2 em 8 dias. A decisão de terminar as experiências dependeu da concentração de biomassa quando esta atingiu o seu valor máximo e a taxa de crescimento começou a diminuir. Comparando a concentração de biomassa obtida dos dois PBRs, a concentração média geral de biomassa do PBR típico e do PBR melhorado registou aproximadamente 2,68 e 6,83 g L^{-1}, respetivamente, indicando um aumento de aproximadamente 155 % na utilização do PBR melhorado. Além disso, a avaliação das taxas de crescimento específico calculadas, obtidas a partir dos PBR típicos e melhorados, mostrou diferenças em que o PBR melhorado registou taxas de crescimento específico significativamente mais elevadas. Os resultados do estudo demonstraram que o PBR melhorado é significativamente eficiente na cultura de *Chlorella vulgaris* em comparação com o modelo cilíndrico típico de coluna de bolhas. Assim, a partir da presente investigação, a conceção melhorada é fortemente recomendada, particularmente para a produção em massa em grande escala. Considerando a produtividade média das duas experiências sucessivas, o fotobiorreactor típico tem uma produtividade de aproximadamente 3,48 g L^{-1} dia^{-1}, enquanto o PBR melhorado tem uma produtividade de 8,23 g L^{-1} dia^{-1}. Isto registou um aumento da produtividade da biomassa de aproximadamente 127%.

CAPÍTULO 7

7. Conclusões gerais

Os estudos actuais realizados para esta dissertação utilizaram quatro abordagens principais para concretizar os objectivos definidos para o estudo de investigação. Estas abordagens incluem a análise CFD, a velocimetria por imagem de partículas, simulações de dinâmica de fluidos computacional e experiências através do cultivo prático de microalgas em fotobiorreactores.

A revisão proporcionou uma compreensão profunda da aplicação de abordagens numéricas na conceção de fotobiorreactores adequados, adaptados para o cultivo máximo de microalgas. A maioria das abordagens numéricas utilizou a técnica de dinâmica de fluidos computacional na conceção de fotobiorreactores, que demonstrou ser muito eficaz, reduzindo significativamente o tempo, o trabalho e o custo da investigação. No entanto, a abordagem deve ser fortemente validada primeiro para estabelecer a sua fiabilidade e ganhar confiança na aplicação da técnica. Isto também garante a obtenção de resultados corretos.

A validação da abordagem e da técnica CFD na conceção de fotobiorreactores pode ser realizada através de experiências laboratoriais ou de campo. Neste estudo, a velocimetria por imagem de partículas ou PIV foi efectuada em 8 casos experimentais. Os campos de fluxo, em particular a magnitude da velocidade média obtida no interior dos fotobiorreactores utilizando PIV, foram comparados com os resultados CFD. A abordagem CFD variou as dimensões da malha na conceção do fotobiorreactor e obteve a magnitude da velocidade média. Os resultados revelaram que uma dimensão de grelha de 0,005 m é adequada para a conceção, apresentando uma diferença inferior a 10% quando comparada com os dados calculados por PIV. O resultado também está em consonância com estudos numéricos semelhantes em fotobiorreactores, em que foi recomendado um tamanho de malha de 0,004 m (Seo *et al.*, 2012). A abordagem de utilização do modelo multifásico Lagrangiano-Euleriano e do modelo de turbulência RNG k-ε também foi validada. A utilização do modelo multifásico e do modelo de turbulência RNG k-ε tornou-se popular, uma vez que os resultados da simulação obtidos, tal como apresentados em vários estudos, demonstraram estar mais próximos do fenómeno real.

Foi efectuada a simulação de PBRs com 32 casos de simulação, incluindo quatro caudais de ar variados, quatro diâmetros de bocal variados e dois desenhos geométricos de fotobiorreactores. Estes fotobiorreactores foram avaliados em termos dos principais parâmetros hidrodinâmicos, tais como as percentagens de volume das zonas mortas, o tempo médio de circulação e a intensidade da turbulência. A seleção do fotobiorreactor adequado para a cultura de microalgas foi feita com base nos seguintes critérios 1) as percentagens volumétricas de zonas mortas não devem exceder 10%; 2) o tempo médio de circulação deve situar-se dentro de 10 s e a intensidade da turbulência deve situar-se na categoria de turbulência baixa a moderada, com base no método Fluent de avaliação da turbulência. Esta técnica de eliminação é considerada a primeira do seu género na avaliação dos fotobiorreactores, em que os três principais parâmetros hidrodinâmicos foram combinados no processo de seleção. Com base nos critérios de avaliação, o caudal de ar recomendado foi de 0,10 vvm a 0,15 vvm e o diâmetro do bocal é de 10 mm. A conceção do PBR com deflector interno e parte inferior saliente também apresentou melhores caraterísticas hidrodinâmicas, pelo que a conceção é recomendada para a cultura de microalgas.

Seguiu-se imediatamente uma cultura prática de microalgas, na qual foram implementados os parâmetros de funcionamento e a conceção do fotobiorreactor recomendados. O cultivo de microalgas foi efectuado num PBR de 30L utilizando a conceção típica e a conceção recomendada com base no estudo de simulação e aqui referida como conceção melhorada. Foram realizadas duas experiências sucessivas e comparadas as concentrações de biomassa e as taxas de crescimento específicas obtidas com o fotobiorreactor típico e com a conceção melhorada. Os resultados mostraram que a conceção melhorada produziu concentrações diárias de biomassa e taxas de crescimento específicas mais elevadas do que o fotobiorreactor típico. Considerando as duas experiências sucessivas, o fotobiorreactor típico e a conceção melhorada registaram aproximadamente 2,68 e 6,83 g L^{-1} de concentração média global de biomassa, respetivamente, indicando um aumento de aproximadamente 155 % na utilização do PBR melhorado.

Assim, com base nos resultados da simulação e apoiado pela prova experimental que foi realizada, o projeto atualizado é fortemente recomendado para o cultivo de microalgas.

Além disso, os resultados mostraram a aplicabilidade da técnica de simulação numérica na conceção de fotobiorreactores, o que pode reduzir significativamente o tempo, o trabalho e os custos.

Referências

Ai, W., Guo, S., Qin L, Tang, Y., 2008. Desenvolvimento de um fotobiorreactor espacial de microalgas em terra. Advances in Space Research 41: 742-7.

Akhtar, A., Pareek, V., Tade, M., 2007. Simulações CFD para o fluxo contínuo de bolhas através de colunas gás-líquido: aplicação do método VOF. The Berkeley Electronics Press Vol. 2, Issue 1, Artigo 9.

Apt, K.A., Behrens, P.W., 1999. Desenvolvimentos comerciais na biotecnologia de microalgas. Journal of Phycology 35: 215-26.

Ayed, H., Chahed, J., Roig, V., 2007. Hidrodinâmica e transferência de massa em uma camada de cisalhamento turbulenta flutuante e borbulhante. AIChE Journal 53, 2742-53.

Bakker, A., 2002. Applied computational fluid dynamics, Lecture 17: Multiphase flows. Fluent Inc.

Bannari, R., Bannari, A., Selma, B., Proulx, P., 2011. Transferência de massa e cisalhamento em um biorreator airlift: usando um modelo matemático para melhorar o projeto e o desempenho do reator. Ciência da Engenharia Química Vol 66, Edição 10, pp 2057-2067.

Barbosa, M.J., 2003. Fotobiorreactores de microalgas: Aumento de escala e otimização. Tese de Doutoramento, Universidade de Wageningen, Wageningen, Países Baixos.

Barbosa, M.J., Hadiyanto, Wijffels, R.H., 2004. Superando o stress de cisalhamento de culturas de microalgas em fotobiorreactores espargidos. Biotecnologia e Bioengenharia 85(1):78-85.

Barkley, W.C.W., Lewin, R.A., Cheng. L., 1987. *In*: Sadler T, editor. Desenvolvimento de sistemas de microalgas para a produção de combustíveis líquidos. Applied Science; Villeneuve d'Ascq, França.

Baten, J.M., Ellenberger, J., Krishna, R., 2003. Hidrodinâmica de reactores internos de elevação de ar: experiências versus simulações CFD. Chemical Engineering and Processing 42: 733-42.

Bertola, F., Vanni, M., Baldi, G., 2003. Aplicação da dinâmica de fluidos computacional ao escoamento multifásico em colunas de bolhas. Revista Internacional de Engenharia Química Vol.1, Artigo A3.

Blazey, M., Glover, C., Generalis, S.C., Markos J., 2004. Simulação gás-líquido de um reator de coluna de bolhas de ar. Chemical Engineering and Processing 43: 137-44.

Bitog, J.P., Lee, I.B., Yoo, J.I., Hwang, S.B., Hong, S.W., Seo, I.H., et al., 2009. Desenvolvimento de um fotobiorreactor de grandes dimensões para a produção de microalgas. *In*: Actas do Simpósio Internacional CIGR 2009 da Sociedade Australiana de Engenharia na Agricultura, Brisbane, Queensland, Austrália, 13-16 de setembro.

Borowitzka, M.A., 1999. Commercial production of microalgae: ponds, tanks, tubes and fermenters (Produção comercial de microalgas: lagos, tanques, tubos e fermentadores). Journal of Biotechnology 70: 313-21.

Camacho, R.F., Garcia, C.F., Sevilla. F.J.M., Chisti, Y., Molina, G.E., 2003. Modelo mecanístico da fotossíntese em microalgas. Biotecnologia Bioengenharia 81: 459-73.

Carvalho, A.P., Meireles, L.A., Malcata, F.X., 2006. Reactores de microalgas: uma revisão dos projectos e desempenhos de sistemas fechados. Biotechnology Progress 22: 1490-1506.

Cassidy, K.O., 2011. Avaliação do crescimento de algas a diferentes temperaturas. Tese de Mestrado, Faculdade de Engenharia, Universidade de Kentucky, EUA.

Celik, I., 1993. Numerical uncertainty in fluid flow calculations: needs for future research. ASME Journal of Fluid Engineering 115: 194-95.

Chaumont, D., 1993. Biotecnologia da produção de biomassa de algas: uma revisão dos sistemas de cultura em massa ao ar livre. Journal of Applied Phycology 5: 593-604.

Chen, P., Sanyal, J., Dudukovic, M.P., 2005. Simulação numérica de fluxos de colunas de bolhas: Efeito de diferentes fechamentos de rutura e coalescência. Chemical Engineering Science 60: 10851101.

Chen, C.Y., Durbin, E.G., 1994. Effects of pH on the growth and carbon uptake of marine phytoplankton. Marine Ecology Progress Series Vol. 109: 83-94.

Chinnasamy, S., Ramakrishnan, B., Bhatnagar, A., Das, K.C., 2009. Biomass Production Potential of a Wastewater Alga *Chlorella vulgaris* ARC 1 under Elevated Levels of CO_2 and Temperature (Potencial de Produção de Biomassa de uma Alga de Águas Residuais *Chlorella vulgaris* ARC 1 sob Níveis Elevados de CO_2 e Temperatura). Jornal Internacional de Ciências Moleculares 10: 518-532.

Chiu, S-Y., Tsai, M-T., Kao, C-Y., Ong, S-C., Lin, C-S., 2009. Os fotobiorreactores de elevação de ar com padrão de fluxo para culturas de alta densidade de microalgas e remoção de dióxido de carbono. Engineering in Life Sciences Vol 9, Issue 3, pp 254-260.

Chisti, Y., 2007. Biodiesel from microalgae. Biotechnology Advances 25: 294-306.

Chisti, Y. 1989. Airlift Bioreactors, Elsevier, Londres, Reino Unido.

Choudhury, D., 1993. Introduction to the Renormalization Group Method and Turbulence Modeling (Introdução ao método do grupo de renormalização e modelagem de turbulência). Fluent Inc. Memorando técnico TM-107.

Choi, S.L., Suh, I.S., Lee, C.G., 2003. Funcionamento lumostático de fotobiorreactores de coluna de bolhas para culturas de Haematococcus pluvialis utilizando uma taxa específica de absorção de luz como parâmetro de controlo. Enzyme and Microbial Technology 33 (4): 403-409.

Conley, S.P., 2006. What is Biodiesel? BioEnergy, Purdue Extension, Department of Agricultural and Biological Engineering, Purdue University, ID 337.

Contreras, A., Garcia, F., Molina, E., Merchuk, J.C., 1998. Interação entre a transferência de massa de CO_2, a disponibilidade de luz e o stress hidrodinâmico no crescimento de *Phaeodactylum tricornutum* num fotobiorreactor de tubo concêntrico. Biotecnologia e Bioengenharia Vol. 60, No. 3.

Converti, A., Casazza, A.A., Ortiz, E.Y., Perego, P., Del Borghi, P., Del Borghi, M., 2009. Efeito da temperatura e da concentração de azoto no crescimento e no teor lipídico de *Nannochloropsis oculata* e *Chlorellavulgaris* para a produção de biodiesel. Engenharia Química e Processamento: Process Intensification Vol 48, Issue 6, pp 1146-1151.

Darzins, A., Pienkos, P., Edye, L., 2010. Situação atual e potencial para a produção de biocombustíveis de algas: A report to the IAE Bioenergy Task 39. http://www.task39.org/.

Deckwer, W.D., 1992. Reactores de coluna de bolhas. J. Wiley & Sons LTD, Chichester.

Degen, J., Uebele, A., Retze A., Schmid-Staiger, U., Trosch, W., 2001. Um novo fotobiorreactor de transporte aéreo com deflectores para melhorar a utilização da luz através do efeito de luz intermitente. Jornal de Biotecnologia 92: 89-94.

Delnoij, E., Kuipers, J.A.M., van Swaaij, W.M., 1999. A three-dimensional CFD model for gasliquid bubble columns. Chemical Engineering Science 54: 2217-26.

Delnoij, E., Kuipers, J.A.M., van Swaaij, W.M., 1997. Dinâmica de fluidos computacional aplicada a contactores gás-líquido. Chemical Engineering Science 52: 3623-38.

Dhotre, M.T., Smith, B.L., Niceno, B., 2007. Simulação CFD de fluxos borbulhantes: Modelo de dispersão aleatória, Chemical Engineering Science 62, 7140 -50.

Ekambara, K., Dhotre, M.T., Joshi, J.B., 2005. Simulações CFD de reactores de coluna de bolhas: Abordagem 1D, 2D e 3D. Ciência da Engenharia Química 60: 6733-46.

Eriksen, N.T., 2008. A tecnologia da cultura de microalgas. Biotechnology letters 30(9): 15251536.

Fan, L., Zhang, Y., Cheng, L., Zhang, L., Tang, D., Chen, H., 2007. Otimização da fixação de dióxido de carbono por *Chlorella vulgaris* cultivada em fotobiorreactor de membrana. Tecnologia de Engenharia Química 30, No. 8. 1094-99.

Fernandes, B.D., Dragoner, G.M., Teixiera, J.A., Vicente, A.A., 2010. Caracterização do regime de luz em um fotobiorreator airlift para produção de microalgas com alto teor de amido. Biotecnologia Bioquímica Aplicada 161:218-26. Manual Fluent, 2006. Fluent Co., New Hampshire, EUA.

Fogg, G.E., Thake, B., 1987. Algal cultures and phytoplankton ecology (Culturas de algas e ecologia do fitoplâncton). University of Wisconsin Press (Madison, Wisconsin, EUA, 3ª edição.

Gimbun, J., 2009. Avaliação dos modelos de turbulência para modelação da coluna de bolhas. Jornal do Instituto de Engenheiros, Malásia Vol. 70, No.4.

Glover, C.G.M., Generalis, S.C., 2004. Modelagem do fluxo gás-líquido-sólido em uma coluna de bolhas. Chemical Engineering and Processing 43: 117-26.

Glover, C.G.M., Generalis, S.C., Thomas, N.H., 2000. CFD e reactores de coluna de bolhas: simulação e experiência. Chem. Papers 54 (6a): 361-69.

Grace, J.R., Taghipour, F., 2004. Verificação e validação de modelos CFD e similaridade dinâmica para leitos fluidizados. Powder Technology 139: 99-110.

Gudin, C., Chaumont, D., 1991. Fragilidade celular - problema-chave da produção em massa de microalgas em fotobiorreactores fechados. Bioresource Technology 38: 145-151.

Hauck, J.T., Olson, G.J., Scierka, S.J., Perry, M.B., Ataai, M.M., 1996. Efeitos do gás de combustão simulado no crescimento de microalgas. Resumos de artigos. Sociedade Americana de Química, Reunião 212, Pt.1, Combustível 118. Orlando, FL, 25-29 de agosto de 1996.

Hideki, K., Shunsuke, K., Michikata, K., Junichi, S., 1999. Visualização do fluxo de ar turbulento na vizinhança de chamas de difusão de jato utilizando PIV. Vol. 4, pp 387-388.

Hirt, C.W., Nichols, B.D., 1981. Método do Volume de Fluido (VOF) para a dinâmica de fronteiras livres. Journal of computational physics , Vol. 39, 201-225.

Huang, Q., Yang, C., Yu, G., Mao, Z., 2010. Simulação CFD de hidrodinâmica e transferência de massa num reator de circuito interno de transporte aéreo utilizando um modelo estável de dois fluidos. Ciência da Engenharia Química 65:5527-36.

Huilin, L., Yurong, H., Gidaspow, D., 2003. Modelagem hidrodinâmica de mistura binária em um leito fluidizado borbulhante de gás usando a teoria cinética do fluxo granular. Ciência da Engenharia Química 58: 1197-205.

Hutmacher, D., Singh, H., 2008. Dinâmica de fluidos computacional para uma melhor conceção de biorreactores e cultura 3D. Parecer, Cell Press.

Illman, A.M., Scragg, A.H., Shales, S.W., 2000. Aumento dos valores caloríficos das estirpes de Chlorella quando cultivadas em meio com baixo teor de azoto. Enzyme and Microbial Technolgy 27: 631-635.

Irani, M., Khodagholi, M.A., Investigação da hidrodinâmica de uma coluna de bolhas utilizando simulações CFD (2D e 3D) e validação experimental. Petroleum and Coal, ISSN 1337 - 1727.

Jansen, M., Tramper, J., Mur, L.R., Wijffels, R., 2003. Bioreactores fotográficos fechados: regime de luz, eficiência fotossintética, aumento de escala e perspectivas futuras. Biotecnologia e Bioengenharia 81, 2.

Jiang, Y., Khadilkar, M.R., Al Dahhan, M.H., Dudukovic, M.P., 2002. CFD of Multiphase flow in packed-bed reactors: I. *k-fluid* modeling issues. AIChE Journal Vol. 48, No. 4.

Joshi, J.B., 2001. Modelação computacional do fluxo e conceção de reactores de coluna de bolhas. Chemical Engineering Science 56: 5893-933.

Kaewpintong, K., Shotipruk, A., Powtongsook, S., Pavasant, P., 2007. Cultivo fotoautotrófico de alta densidade de células vegetativas de *Haematococcus pluvialis* em biorreactor airlift. Bioresource Technology Vol 98, Issue 2, pp 288-295.

Kazunori, H., Toyohiko, S., Yoshitaka, O., 2006. Reconstrução do escoamento complexo com o método POD (Aplicação a escoamentos que atravessam bancos de tubos medidos pelo método PIV). Kashika Joho Gakkai Ronbunshu (Web) Vol. 26, No. 12. pp114-122.

Kchmond ,A., 1988. Spirulina. *In*: Micro-algal Biotechnology. Cambridge University Press, Cambridge, pp 85-121.

Kcmond, A., Lichtenberg, E., Stahl, B., Vonshak, A., 1990. Avaliação quantitativa das principais limitações à produtividade de Spialina platensis em pistas abertas. Journal of Applied Phycology 2: 195-206.

Kirk, J.T.O., 1994. Light and photosynthesis in aquatic systems. Cambridge University Press, Cambridge.

Kitaya, Y., Azuma, H., Kiyota, M., 2005. Efeitos da temperatura, concentrações de CO2/O2 e intensidade da luz na multiplicação celular de microalgas, *Euglena gracilis*. Avanços na Investigação Espacial 35: 1584-88.

Kommareddy, A.R., Anderson, G.A., 2005. Modelação mecanicista do sistema de fotobiorreactor. ASAE Paper No. 057007. St. Joseph, Michigan: ASAE.

Kommareddy, A.R., Anderson, G.A., 2004. Análise de correntes e mistura num reator de coluna de bolhas modificado. ASAE Paper No. 043071. St. Joseph, Michigan: ASAE.

Kommareddy, A.R., Anderson, G.A., 2003. Estudo da luz como parâmetro no crescimento de algas num reator foto-bio (PBR). ASAE Paper No. 034057. St. Joseph, Michigan: ASAE.

Kong, Q., Yu, F., Chen, P., Ruan, R., 2007. Seleção de microalgas com elevado teor de óleo para a produção de biodiesel. ASABE Paper No. 077034. St. Joseph, Michigan: ASABE.

Kozic, Ristic, S., Puharic, M., Katavic, B., 2011. Comparação de Euler-Euler e Euler-Lagrange na simulação numérica de escoamento multifásico em duto de mistura de ar de moinho de ventilação. Terceiro Congresso Sérvio de Mecânica Teórica e Aplicada, lago Vlasina, Sérvia, 5-8 de julho.

Krisna, R., Baten, J.M., 2002. Aumento de escala de reactores de coluna de bolhas com líquido altamente viscoso fase. Tecnologia de Engenharia Química 25: 10.

Krishna, R., Baten, J.M., 2001. Aumento de escala de reactores de coluna de bolhas com a ajuda de CFD. Trans IChemE Vol 79, Parte A.

Krishna, R., Baten, J.M., 1999. Caraterísticas da subida de bolhas de gás em coluna retangular 2D. Simulações VOF vs experiências. Comunicações Internacionais em Transferência de Calor e Massa Vol. 26: 4913-20.

Krishna, R., Baten, J.M., Urseanu, M.I., 2000. Simulação Euleriana trifásica de reactores de coluna de bolhas que operam no regime turbulento: uma estratégia de aumento de escala. Chemical Engineering Science 55: 3275-86.

Launder, B.E., Spalding, D.B., 1972. Lecture on mathematical models of turbulence (Palestra sobre modelos matemáticos de turbulência). Academic Press, Londres.

Lain, S., Broder, D., Sommerfeld, M., 2001. Simulações numéricas da hidrodinâmica numa coluna de bolhas: Comparação quantitativa com experiências, em: Actas da Conferência Internacional sobre Fluxo Multifásico, Nova Orleães, EUA, 27 de maio a 1 de junho de 2001.

Lecuona, A., Nogueira, J.I., Rodriguez, P., A., 1998. Cálculo da vorticidade do campo de fluxo utilizando dados PIV. Jornal da Sociedade de Visualização do Japão Vol.1., pp 183-193.

Lee, H. S., Seo, M.W., Kim, Z. H., Lee, C. G., 2006. Determinação das melhores taxas específicas de absorção de luz para as culturas lumostáticas em fotobiorreactores de coluna de bolhas. Enzyme and Microbial Technology, 39, 447e452.

Lee, K., Lee, C.G., 2001. Efeito dos ciclos de luz/obscuridade nos tratamentos de resíduos de gesso por microalgas. Biotecnologia e Engenharia de Bioprocessos 6 (3): 194-199.

Lee, C.G., Palsson, B.O., 1994. Fotobiorreactores de algas de alta densidade que utilizam díodos emissores de luz. Biotechnology and Bioengineering Hig h-Density Algal Photobioreactors Using Light-Emitting Diodes Vol 44, No.10.

Lehr, A., Bolcs, A., 2000. Aplicação de um sistema de Velocimetria de Imagem de Partículas (PIV) ao escoamento periódico instável em torno de uma pá de compressor isolada. *Em* Actas: 15th Symposium on Measurement Techniques in Transonic and Supersonic Flow in Turbomachines, Universidade de Florença, 21-22 de setembro.

Leib, T.M., Pereira, C.J., Villadsen, J., 2001. Bioreactores: uma perspetiva de engenharia química.

Ciência da Engenharia Química 56: 5485-97.

Li, Y., Horsman, M., Wu, N., Lan, C.Q., 2008. Dubois-Calero N. Biocatalysts and bioreactor design. Artigo, Programa de Biotecnologia 24: 815-20.

Li, Y., Zhang, J., Fan, L.S., 2000. Simulação em fase discreta do comportamento de ascensão de uma única bolha a pressões elevadas numa coluna de bolhas. Ciência da Engenharia Química 55: 459-69.

Lisec, J., 2004. Cultivo de *Pkezaroch ysis ccaterae* CCMP647 em dois fotobiorreactores diferentes. Diploma de Engenheiro em Biotecnologia Geral. Tese, Techsche Universitat Berlin 93.

Lorstad, D., Fuchs, L., 2004. Modelo VOF de tensão superficial de alta ordem para escoamentos de bolhas 3D com rácio de densidade elevado. Journal of Computational Physics 200: 153-76.

Lou, H.P., Al-Dahhan, M.H., 2004. Análise e modelação de fotobiorreactores através da combinação de primeiros princípios de fisiologia e hidrodinâmica. Biotecnologia e Bioengenharia Vol. 85, No. 4.

Lou, H-P., Al-Dahhan, M.H., 2008. Caraterísticas locais da hidrodinâmica no biorreactor de transporte aéreo de tubo de sucção. Ciência da Engenharia Química 63: 3057-3068.

Lv, J-M., Cheng, L-H., Xu, X-H., Zhang, L., Chen, H-L., 2010. Aumento da produção de lípidos de Chlorella vulgaris através do ajuste das condições de cultivo. Bioresource Technology 101: 67976804.

Medvitz, R.B., Reddy, V., Deutsch, S., Manning, K.B., Paterson, E.G., 2009. Validação de uma metodologia CFD para análise de LVAD de deslocamento positivo utilizando dados PIV. Journal of Biomechanical Engineering 131(11):111009.

Meier, S.J., Hatton, T.A., Wang, D.I., 1999. Cell death from bursting bubbles: role of cell attachment to rising bubbles in sparged reactors. Biotechnology and Bioengineering 62(4):468-478.

Mehlitz, T.H., 2009. Influência da temperatura e requisitos de gestão do calor no cultivo de microalgas em fotobiorreactores. Tese de Mestrado. Universidade Estatal Politécnica da Califórnia, EUA.

Merchuk, J.C., Gluz, M., Mukmenev, I., 2000. Comparison of photobioreactors for cultivation of the red *Porphyridium sp*. Journal of Chemical Technology and Biotechnology 75: 1119-26.

Merchuk, J.C., Wu, X., 2003. Modelação de fotobiorreactores: Aplicação à simulação de colunas de bolhas. Journal of Applied Phycology 15: 163-69.

Merchuk, J.C., Ben-Zvi, S., Niranjan, K., 1994. Porquê utilizar bioreactores de coluna de bolhas. TIBTECH, Vol. 12.

Merchuk, J.C., Ronen, M., Giris, S., Arad, S., 1998. Ciclos de luz/escuridão no crescimento da microalga vermelha *Porphyridium Sp*. Biotecnologia e Bioengenharia Vol. 59, No.6.

Metting, F.B., 1996. Biodiversidade e aplicação de microalgas. Journal of Industrial Microbiology 17: 477-89.

Michele, V., Hempel, D.C., 2002. Fluxo de líquido e medição de retenção de fase e modelagem CFD para colunas de bolhas de duas e três fases. Ciência da Engenharia Química 57:1899-908.

Miron, S.A., Garcia, M.C., Camacho, G.F., Molina, G.E., Chisti, Y., 2004. Mistura em reatores de coluna de bolhas e airlift. Chemical Engineering Research and Design 82(A10): 1367-74.

Miron, S.A., Gomez, C.A., Camacho, G.F., Molina, G.E., Chisti, Y., 1999. Comparative evaluation of compact photobioreactors for large-scale monoculture of microalgae. Journal of

Biotechnology 70: 249-70.

Miron, S.A., Camacho, G.F., Gomez, C.A., Grima, E.M., Chisti, Y., 2000. Fotobiorreactores de coluna de bolhas e airlift para cultura de algas. AIChe Journal Vol. 46, No.9.

Molina, G.E., Fernandez, J, Acien, F.G., Chisti, Y., 2001. Projeto de fotobiorreactor tubular para culturas de algas. Journal of Biotechnology 92: 113-31.
Molina, G.E., 1999. Métodos de cultura em massa. *Em*: Flickinger, M.C., Drew, S.W., (editores). Encyclopedia of bioprocess technology: fermentation, biocatalysis and bioseparation Vol. 3. Wiley: 1753-69.

Molina, G.E., Acien, F.G., Fernandez ,J., Camacho, F., Chisti, Y., 1999. Fotobiorreactores: luz regime, transferência de massa e aumento de escala. Journal of Biotechnology 70: 231-47.

Mouza KA, Kazakis NA, Paras SV. Projeto de um reator de coluna de bolhas utilizando um código CFD. 1st Conferência Internacional "From Scientific Computing to Computational Engineering". Atenas, 8-10 de setembro de 2004.

Naoya, T., Akihiko, K., Takeharu, K., Kazuo, U., 2000. Análise do fluxo em torno do jato transiente através de uma técnica PIV. Nihon Kikai Gakkai Nenji Taikai Koen Ronbunshu Vo. 4. Pp 97-98.

Negoro, M., Shioji, N., Niyamoto, K., Miura, Y., 1991. Crescimento de microalgas em gás CO2 elevado e efeitos de *SOx*, *NOx* . Applied Biochemistry and Biotechnology 28-29: 877-886.

Negoro, M., Hamasaki, A., Ikuta, Y., Makita, T., Hirayama, K., Suzuki, S., 1993. Fixação de dióxido de carbono pela fotossíntese de microalgas usando gás de combustão real descarregado de uma caldeira. Applied Biochemistry and Biotechnology 39-40: 643-653.

Ogbonna, J.C., Soejima, T., Tanaka, H., 1998. Desenvolvimento de fotobiorreactores eficientes de grande escala. *Em*: Zaborosky, O.R. (Ed.), Biohydrogen. Plenum Press, Nova Iorque, pp. 329-343.

Olaizola, M., 2003. Commercial development of microalgal biotechnology: from test tube to the marketplace (Desenvolvimento comercial da biotecnologia de microalgas: do tubo de ensaio ao mercado). Engenharia Biomolecular 20: 459-66.

Oncel, S., Sukan V.F., 2008. Comparação de dois fotobiorreactores de coluna misturados pneumaticamente diferentes para o cultivo de *Artrospira platensis (Spirulina platensis).* Bioresource Technology 99: 4755-60.

Oncel, S.S., Akpolat, O., 2006. Um sistema integrado de fotobiorreactor para a produção de *Spirulina platensis.* Biotecnologia 5 (3): 365-72.

Ono, E., Cuello, J.L., 2003. Seleção de espécies óptimas para o sequestro de CO2. Segunda Conferência Anual sobre Sequestro de Carbono. 5-8 de maio, Alexandria, Virgínia, EUA.

Panda, A.K., Mishra, S., Bisaria, V.S., Bhojwani, S.S., 1989. Reactores de células vegetais - uma perspetiva. Enzyme Microbiology Technology 11: 386-97.

Park, K.H., Lee, C.G., 2000. Otimização de fotobiorreactores de algas utilizando luzes intermitentes. Biotecnologia Engenharia de Bioprocessos 5: 186-190.

Patil, V, Tran, K.Q., Giselrod, H.R., 2008. Towards sustainable production of biofuels from microalgae (Para uma produção sustentável de biocombustíveis a partir de microalgas). Jornal Internacional de Ciência Molecular 9:1188-95.

Pereira, F.A.R., Ataide, C.H., Barrozo, M.A.S., 2010. Abordagem CFD utilizando modelo de fase discreta para escoamentos anulares. Pesquisa Aplicada na América Latina 40: 53-60.

Perner-Nochta, I., Posten, C.. 2007. Simulações da variação da intensidade da luz em fotobiorreactores. Jornal de Biotecnologia 131: 276-85.

Perner, I, Posten, C., Broneske, J., 2003. CFD optimization of a plate photobioreactor used for cultivation of microalgae (Otimização CFD de um fotobiorreactor de placa utilizado para o cultivo de microalgas). Engenharia das Ciências da Vida 3, 7.

Pfleger, D., Gomes, S., Gilbert, N., Wagner, H.G., 1999. Simulações hidrodinâmicas de colunas de bolhas de laboratório - estudos fundamentais da abordagem de modelação Euleriana-Euleriana. Ciência da Engenharia Química 54: 5091-99.

Pramparo, L., Pruvost, J., Stuber, F., Font, J., Fortuny, A., Fabregat, A.,. 2008. Investigação da mistura e da hidrodinâmica utilizando CFD num reator toro de secção quadrada em regime descontínuo e contínuo . Chemical Engineering Journal 137: 386-95.

Pruvost, J., Vooren, G.V., Cogne, G., Legrand, J., 2009. Investigação da produção de lípidos de biomassa com Neochloris oleoabundans em fotobiorreactores. Bioresource Technology 100: 5988-5995.

Pruvost, J., Pottier, L., Legrand, J., 2006. Investigação numérica das condições hidrodinâmicas e de mistura num fotobiorreactor em toro. Ciência da Engenharia Química 61: 4476-89.

Pulz, O., Gross, W., 2004. Valuable products from biotechnology of microalgae (Produtos valiosos da biotecnologia de microalgas). Applied Microbial Biotechnology 65: 635-48.

Pulz, O., 2001. Fotobiorreactores: sistemas de produção para microrganismos fototróficos. Microbiologia Aplicada e Biotecnologia 57 (3), 287-93.

Ramkumar, K., Mandalam, R.K., Palsson, B.O., 1998. O equilíbrio elementar da biomassa e a composição do meio aumentam a capacidade de crescimento em culturas de alta densidade de *Chlorella vulgaris*. Biotecnologia e Bioengenharia Vol 59, No.5.

Radmer, R.J., Parker, B.C., 1994. Commercial applications of microalgae: opportunities and constraints (Aplicações comerciais de microalgas: oportunidades e limitações). Journal of Applied Phycology 6: 93-8.

Rampure, M.R., Kulkarni, A.A., Ranade, V.V., 2007. Hydrodynamics of bubble column rectors at high gas velocity: experiments and computational fluid dynamics (CFD) simulations. Industrial and Engineering Chemistry Research, 46: 8431-47.

Ranade, V.V., Tayalia, Y., 2001. Modelação da dinâmica dos fluidos e da mistura em reactores de coluna de bolhas pouco profundos: influência da conceção do aspersor. Chemical Engineering Science 56: 1667-75.

Ranade, V.V., 2002. Computational flow modeling for chemical reator engineering, Academic Press, San Diego, EUA.

Ranjbar, R., Inoue, R., Katsuda, T., Yamaji, H., Katoh, S., 2008. Produção de alta eficiência de astaxantina num fotobiorreactor airlift. Journal of Bioscience and Bioengineering Vol. 106, No. 2: 204-7.

Richardson, J.W., Johnson, M.D., Outlaw, J.L., 2012. Comparação económica de raceways de lagoas abertas com foto-bioreactores para a produção rentável de algas para combustíveis de transporte no Sudoeste. Algal Research 1: 93-100.

Richmond, A., Boussiba, S., Vonshak, A., Kopel, R., 1993. Um novo reator tubular para a produção em massa de microalgas no exterior. Journal of Applied Phycology 5: 327-332.

Roache, P.J., Ghia, K.N., White, F.M., 1986. Declaração de política editorial sobre o controlo da precisão numérica. ASME Journal of Fluid Engineering 108: 2.

Rubio, F.C., Miron, A.S., Garcia, C.M., Camacho, F.G., Grima, E.M., Chisti, Y., 2004. Mistura em colunas de bolhas: uma nova abordagem para caraterizar os coeficientes de dispersão. Chemical Engineering Science Vol 59, Issue 20, pp 4369-4376.

Santos, C.M., Dionisio, R., Cerqueira, H.S., Sousa-Aguilar, E.F., Mori, M., d'Avila, M.A., 2007. Simulações CFD tridimensionais gás-líquido em colunas de bolhas cilíndricas. Jornal Internacional de Engenharia de Reactores Químicos Vol. 5, Artigo A90.

Sanyal, J., Vasquez, S., Roy, S., Dudukovic, M.P., 1999. Simulação numérica da dinâmica gás-líquido em reactores cilíndricos de coluna de bolhas. Chemical Engineering Science 54: 5071-83.

Sato, T., Yamada, D., Hirabayashi, S., 2010. Desenvolvimento de fotobiorreactor virtual para cultura de microalgas considerando o fluxo turbulento e o efeito de luz intermitente. Energy Conversion and Management 51: 1196-1201.

Sawayama, S., Inoue, S., Yokohama, S., 1994. Cultura contínua de microalgas ricas em hidrocarbonetos *Botrycoccus barunii* em águas residuais tratadas secundariamente. Applied Microbiology and Biotechnology 41: 729-31.

Scragg, A. H., Illman, A.M., Carden, A., Shales, S.W., 2002. Crescimento de microalgas com valores caloríficos aumentados num bioreactor tubular. Biomassa e Bioenergia 23: 67-73.

Schlagermann, P., Gottlicher,G., Dillschneider, R., Sastre,R.R., Posten, C., 2012. Composição do óleo de algas e seu potencial como biocombustível. Journal of Combustion Vol. 2012, Artigo ID 285185, doi:10.1155/2012/285185.

Seo, I.H., Lee, I.B., Hwang, S.H., Hong, S.W., Bitog, J.P., Kwon, K.S., et al., 2010. Investigação numérica de um projeto de foto-biorreactor de coluna de bolhas para a produção de biodiesel a partir de microalgas. *In*: Actas do XVII th Congresso Mundial da Comissão Internacional de Engenharia Agrícola e de Biossistemas, Cidade do Quebeque, Canadá, 13-17 de junho.

Seyfabadi, J., Ramezanpour, Z., Khoeyi, Z.A., 2011. Conteúdo de proteínas, ácidos gordos e pigmentos de Chlorella vulgaris sob diferentes regimes de luz. Journal of Applied Phycology 23:721-726.

Sharma, K.K., Schuhmann, H., Schenk, P.M., 2012. Elevada indução de lípidos na produção de forbes de microalgas. Energias 5: 1532-1553.

Sheng, J., Meng, H., Fox, R.O., 1998. Validação de simulações CFD de um tanque agitado usando dados de velocimetria de imagem de partículas. The Canadian Journal of Chemical Engineering Vol. 76.

Shigeya, W., Hiroyuki, K., Zhong, L., Taro, I., Shunji, E., 2005. Validação do código CFD através de velocimetria por imagem de partículas (PIV). JAXA Special Publication No. 04-012, pp 178-183.

Shinji, I., Yasuo, O., Hitomitsu, K., Masamki, O., Tetsuro, T., Yoshihito, T., 2006. Estudo experimental dos campos de fluxo e pressão sobre o telhado de um cubo através de medições PIV. Jornal de Engenharia Eólica n.º 108. Pp 435-438.

Sierra, E., Acien, F.G., Fernandez, J.M., Garcia, J.L., Gonzales, C., Molina, E. 2008.

Caracterização de um fotobiorreactor de placa plana para a produção de microalgas Chemical Engineering Journal. 138: 136-47.

Simonnet, M., Gentric, C., Olmos, E., Midoux, N., 2008. Simulação CFD do campo de fluxo num reator de coluna de bolhas: Importância da formulação da força de arrasto para descrever as transições de regime. Engenharia Química e Processamento 47:1726-37.

Singh, S.P., Singh, D., 2010. Produção de biodiesel através da utilização de diferentes fontes e caraterização de óleos e seus ésteres como substituto do gasóleo: A review. Renewable and Sustainable Energy Reviews 14: 200-216.

Spolaore P., Joannis-Cassan C., Dura n E., Isambert A., 2006 Commercial applications of microalgae. Journal of Bioscience and Bioengineering 101: 1389-1723.

Su, Z., Kang, R., Shi, S., Cong, W., Cai, Z., 2010. Estudo sobre a mistura de desestabilização no fotobiorreator de placa plana por meio de CFD. Biomassa e Bioenergia 34: 1879-84.

Sundaresan, S., 2000. Modelação da hidrodinâmica de reactores de fluxo multifásico: estado atual e desafios. AIChE 46, 1102-1105.

Szafran, R.G., Kmiec, A., 2004. Aplicação da técnica de modelação CFD na engenharia cálculos da hidrodinâmica do escoamento trifásico num reator de jato. Jornal Internacional de Engenharia de Reactores Químicos Vol. 2, Artigo A30.

Terry, K.L., Raymond, L.P., 1985. Projeto de sistema para a produção autotrófica de microalgas. Enzyme Microbial Technology 7: 474-87.

Thakre, S.S., Joshi, J.B., 1999. Simulação CFD de reactores de coluna de bolhas: importância da formulação da força de arrasto. Chemical Engineering Science 54: 5055-60.

Thomas, W.H., Gibson, C.H., 1990. Efeito da turbulência em pequena escala nas microalgas. Journal of Applied Phycology 2: 71-79.

Tredici, M.R., Materassi, R., 1992. Dos tanques abertos aos painéis alveolares verticais: a experiência italiana no desenvolvimento de reatores para a cultura em massa de microrganismos fototróficos. Journal of Applied Phycology 4 (3): 221-31.

Tredici, M.R., Zittelli, G.C., 1998. Eficiência da utilização da luz solar: fotobiorreactores tubulares versus planos. Biotecnologia e Bioengenharia Vol. 57, No. 2.

Tredici, M.R., 1999. Bioreactores, foto. *Em*: Flickinger, M.C., Drew, S.W., (editores). Encyclopedia of bioprocess technology: fermentation, biocatalysis and bioseparation, Wiley 394419.

Trujilio, F.J., Safinski, T., Adesina, A.A., 2007. Análise CFD da distribuição da radiação num novo fotoreactor de coluna de bolhas com catalisador imobilizado iluminado externamente. Jornal de Engenharia de Energia Solar Vol. 129: 27-35.

Tzuzuki, M., Ohnuma, E., Sato, N., Takaku, T., Kawaguchi, A., 1990. Efeitos do CO_2 durante o crescimento na composição de ácidos gordos em microalgas. Plant Physiology 93: 851-56.

Ugwu, C.U., Aoyagi, H., Uchiyama, H., 2008. Fotobiorreactores para o cultivo em massa de algas. Bioresource Technology 99: 4021-28.

Velarde, R.R., Urbina, E.C., Melchor, J.H., Thalassa, F., Villanueva, R.O.C., 2010. Caracterização hidrodinâmica e de transferência de massa de um fotobiorreator airlift de painel plano com alto caminho de luz. Engenharia e Processamento Químico 49: 97-103.

van Wachem, B.G., Schouten, J.G., van den Bleek, C.M., Krishna, R., Sinclair, J.L., 2001. Análise comparativa de modelos CFD de sistemas gás-sólido densos. AIChE Journal 47(5):1035-51.

Wen, Z.Y., Chen, F., 2003. Produção heterotrófica de ácido eicosapentaenóico por microalgas. Biotechnology Advances 21: 273-94.

Wild, G., Li, H.Z., Poncin, S., Olmos, E., 2003. Alguns aspectos da hidrodinâmica da coluna de bolhas. Jornal Internacional de Engenharia de Reactores Químicos 2003; Vol. 1, 1-36.

Y an, L., Yutala, H., Tsutomu, H., 2005. Medições PIV do escoamento em torno de um rotor savonius (Efeitos da sobreposição no campo de escoamento). Nihon Kikai Gakkai Nenji Taikai Koen Ronbunshu Vol. 2. pp 213-214.

Y oo, J.I., Lee, I.B., Hwang, S.H., Hong, S.W., Seo, I.H., Bitog, J.P., et al., 2009. Utilização do modelo de simulação CFD para um fotobiorreactor de coluna de bolhas. Jornal da Sociedade Coreana de Engenheiros Agrónomos 51 (5).

Y oo, J.I., Lee, I.B., Hwang, S.H., Hong, S.W., Seo, I.H., Bitog, J.P., et al., 2008. Conceção de um fotobiorreactor de coluna de bolhas para o cultivo de microalgas utilizando simulação CFD. *In*: Actas do Fórum Internacional de Engenharia Bioambiental e Bioenergética (IFBBE), Pequim, China, 15-17 de outubro.

Yu, G., Li, Y., Shen, G., Wang, W., Lin, C., Wu, H., Chen, Z., 2009. Um novo método utilizando CFD para otimizar os parâmetros da estrutura interna de fotobiorreactores planos. Journal of Applied Phycology 21:719-727.

Zhang, K., Zhang, J., Zhang, B., 2004. Simulação CFD do comportamento do jato e do perfil de idade do vazio num leito fluidizado gás-sólido. International Journal of Energy Research 28:1065-74.

Zhang, K., Kurano, N., Miyachi, S., 2002. Aeração optimizada por gás de dióxido de carbono para produção de microalgas e caraterização da transferência de massa num fotobiorreactor vertical de placa plana. Bioprocess and Biosystems Bioengineering 25: 97-101.

Zuber, N., & Findlay, J. A., 1965. Concentração volumétrica média em sistemas de fluxo bifásico. Journal of Heat Transfer 87(4): 453 - 468.

MIX
Papier aus verantwortungsvollen Quellen
Paper from responsible sources
FSC® C105338

Printed by Books on Demand GmbH, Norderstedt / Germany